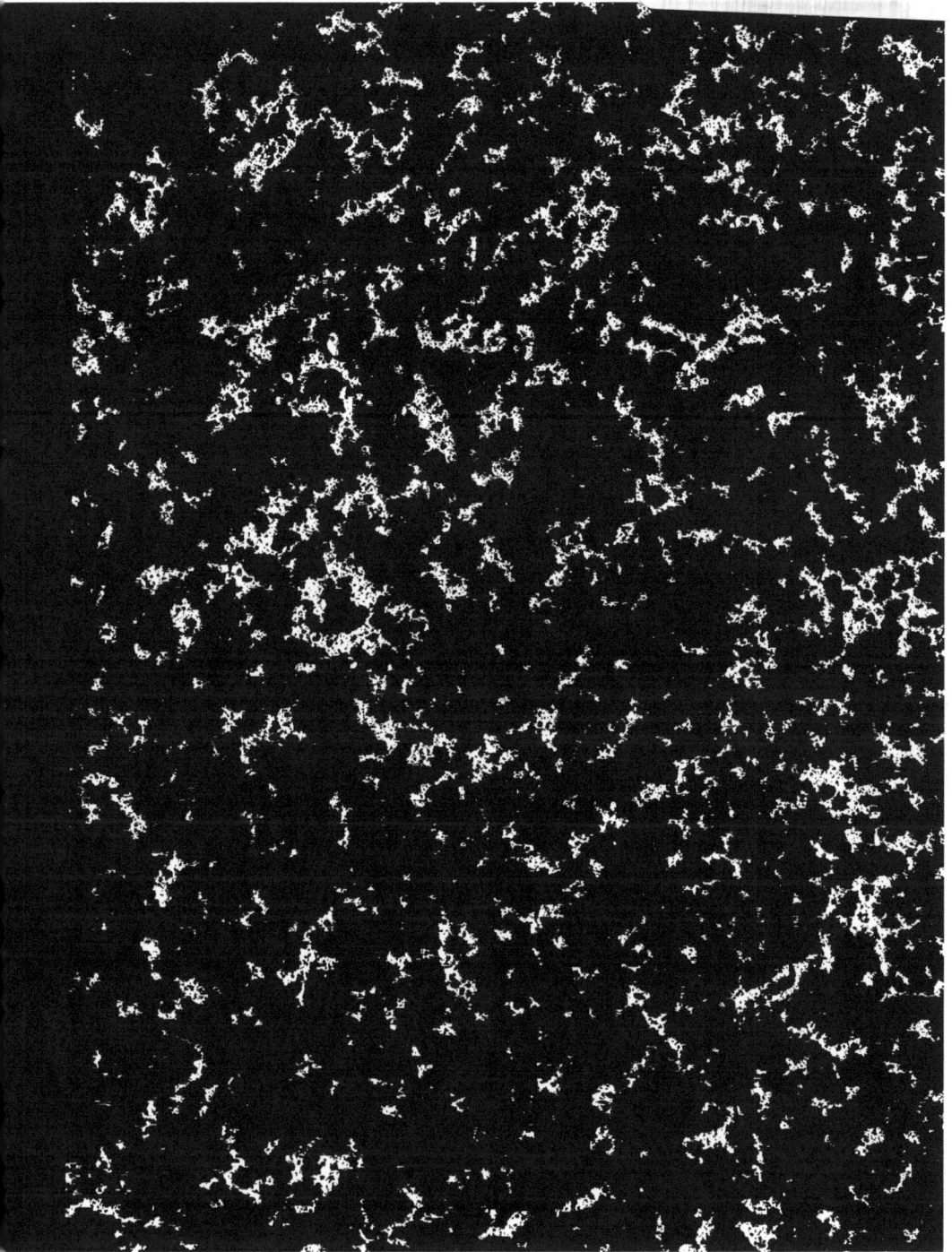

COURS

DE

GÉOMÉTRIE DESCRIPTIVE.

ABBEVILLE. — IMPRIMERIE BRIEZ, C. PAILLART ET RETAUX

COURS

DE

GÉOMÉTRIE DESCRIPTIVE

PAR

M. THÉODORE OLIVIER,

Ancien élève de l'École polytechnique et ancien officier d'artillerie; Docteur ès sciences de la Faculté de Paris;
Ancien professeur-adjoint de l'École d'application de l'artillerie et du génie à Metz;
Ancien répétiteur à l'École polytechnique; Professeur de géométrie descriptive au Conservatoire des arts et métiers;
Professeur-fondateur de l'École centrale des arts et manufactures;
Membre honoraire de la Société philomathique de Paris et du comité des arts mécaniques de la Société
d'encouragement pour l'industrie nationale;
Membre étranger de deux Académies royales des sciences et des sciences militaires de Stockholm;
Membre correspondant de la Société royale des sciences de Liége et de la Société d'agriculture et arts utiles de
Lyon, des Académies des sciences de Metz, Dijon et Lyon,
Officier de la légion d'honneur et chevalier de l'Ordre royal de l'Étoile polaire de Suède.

PREMIÈRE PARTIE

DU POINT, DE LA DROITE ET DU PLAN

TROISIÈME ÉDITION

(TEXTE)

REVUE ET ANNOTÉE

PAR

M. EUGÈNE ROUCHÉ

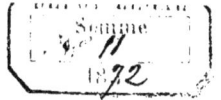

Professeur de Géométrie descriptive à l'École centrale, Répétiteur à l'École polytechnique, etc.

L'introduction de cet ouvrage dans les établissements d'instruction publique
est autorisé par décision de Son Excellence Monsieur le Ministre
de l'Instruction publique, en date du 27 juillet 1863.

PARIS

LIBRAIRIE D'ARCHITECTURE

DUNOD, ÉDITEUR,

Successeur de Victor Dalmont (précédemment Carilian-Gœury et Victor Dalmont),

LIBRAIRE DES CORPS DES PONTS ET CHAUSSÉES ET DES MINES,

(Quai des Augustins, 49

1872

OUVRAGES SUR LA GÉOMÉTRIE DESCRIPTIVE

PUBLIÉS

Par M. Théodore OLIVIER.

I. COURS DE GÉOMÉTRIE DESCRIPTIVE.

PREMIÈRE PARTIE. — Du point, de la droite et du plan: in-4° de 160 pages avec un atlas de 43 pl. in-4°, 3e édition.   Prix 10 fr.

DEUXIÈME PARTIE. — Des courbes et des surfaces, et en particulier des courbes et des surfaces du second ordre: in-4° de 400 pages avec un atlas de 52 pl. in-4°, 3e édition. Prix 12 fr. 50.   Prix des deux parties ensemble 22 fr.

II. ADDITIONS AU COURS DE GÉOMÉTRIE DESCRIPTIVE : Démonstration nouvelle des propriétés principales des sections coniques ; in-4° de 100 pages avec un atlas de 15 pl. in-4°.   Prix 4 fr.

III. DÉVELOPPEMENTS DE GÉOMÉTRIE DESCRIPTIVE : in-4° de 500 pages avec un atlas de 27 pl. in-4°.   Prix 18 fr.

IV. COMPLÉMENTS DE GÉOMÉTRIE DESCRIPTIVE : in-4° de 472 pages avec un atlas de 58 pl. in-folio.   Prix 18 fr.

V. APPLICATIONS DE LA GÉOMÉTRIE DESCRIPTIVE : 1° aux ombres ; 2° à la perspective ; 3° à la gnomonique ; 4° aux engrenages : in-4° de 415 pages avec un atlas de 58 pl. in-folio.   Prix 25 fr.

VI. MÉMOIRES DE GÉOMÉTRIE DESCRIPTIVE THÉORIQUE ET APPLIQUÉE : in-4° de 310 pages avec un atlas de 12 pl. in-folio.   Prix 18 fr.

ABBEVILLE. — IMP. BRIEZ, C. PAILLART ET RETAUX

PRÉFACE DE LA PREMIÈRE ÉDITION (1843).

J'ai divisé ce cours de géométrie descriptive en deux parties : dans la première, je donne tout ce qui est relatif au point, à la droite et au plan ; dans la seconde, je m'occupe des courbes et des surfaces, en général, et en particulier, des sections coniques et des surfaces du second ordre.

Je n'ai point voulu écrire un traité de géométrie descriptive, car alors j'aurais été obligé de donner un résumé de tout ce qui a été fait, et de classer avec ordre toutes les recherches dues aux divers savants (1) qui se sont occupés de la science, si vaste et si utile par ses nombreuses applications, à laquelle Monge a donné le nom de *géométrie descriptive*. En écrivant un cours, j'ai pu me borner à exposer mes idées et mes recherches sur cette science, tout en donnant ce qui est indispensable à ceux qui l'étudient dans le but de devenir *ingénieurs*.

Monge a souvent répété que, lorsqu'on savait les divers problèmes relatifs au point, à la droite et au plan, et dont l'ensemble forme ce que l'on appelle encore et assez improprement les *préliminaires de la géométrie descriptive*, on savait la géométrie descriptive. On n'a pas fait assez attention à cette manière de voir de *Monge*, au sujet de la géométrie nouvelle dont le premier il a formé un corps de doctrine, et à laquelle il a donné un nom, le nom de *géométrie descriptive*, qui a été souvent critiqué, faute de comprendre tout ce qu'il signifiait dans la pensée du savant fondateur de l'École polytechnique.

Il n'existe, à vrai dire, qu'une géométrie, et qui a pour but de reconnaître les propriétés de l'espace figuré. Ces propriétés sont de deux espèces, savoir : les propriétés de *relation de position*, et les propriétés de *relation métrique* ; mais l'on peut employer des méthodes diverses pour arriver à la découverte des unes et des autres. Chaque méthode particulière a reçu, par extension, le nom de *géométrie*. Ainsi on disait la géométrie de Descartes, et l'on a dit la géométrie de Monge : Descartes

---

(1) Je me propose d'écrire un nouvel ouvrage qui aura pour titre : *De l'Enseignement de la Géométrie descriptive* : c'est alors que j'exposerai les travaux des divers savants qui, après *Monge*, ont écrit sur cette science ; et alors je tâcherai de faire connaître, aussi complétement qu'il me sera possible, le *progrès* que chacun d'eux a fait faire à la *Géométrie descriptive*.

employait *l'analyse* à la recherche des vérités géomé riques, Monge a employé la *méthode des projections* à la recherche des propriétés dont jouissent les *formes géométriques*. Et comme.les *surfaces* qui limitent et terminent les corps sont composées de *lignes*, et que les *lignes* sont formées de *points*, et qu'une foule de corps sont terminés par *des faces planes*, et que d'ailleurs le plan joue un grand rôle lorque l'on examine les surfaces, soit que l'on considère un plan comme *tangent* ou *sécant* par rapport à la surface particulière dont on discute les propriétés, soit qu'on le considère comme *tangent* ou *normal* ou *osculateur* en certain point de certaine courbe tracée sur la surface particulière, il est bien évident dès lors que, lorsqu'on saura représenter un point, une droite et un plan par la méthode des projections, et résoudre, par la méthode des projections, les divers problèmes que l'on peut proposer sur le point, la droite et le plan, on saura la *géométrie descriptive* ; en ce sens que l'on saura tout ce qu'il faut pour appliquer la méthode des projections à la recherche des vérités géométriques qu'il lui est permis de démontrer touchant l'espace figuré ; car, il faut bien le reconnaître, chaque méthode est plus spécialement applicable à un genre particulier de questions. C'est ainsi que *l'analyse* s'applique à la recherche des propriétés *de relation métrique*, et que la *géométrie descriptive* s'applique à la recherche des propriétés de *relation de position*.

La géométrie descriptive doit être considérée comme un *art* et comme une *science*. Pendant longtemps et depuis très-longtemps, *l'art des projections* était connu des *stéréomètres,* et ainsi des *appareilleurs* pour la coupe des pierres et des *charpentiers* ; mais c'est vraiment depuis *Monge* que la géométrie descriptive a été reconnue être une *science,* et c'est aux travaux de Monge qu'on le doit ; car c'est lui qui le premier a démontré que, dans ce que l'on appelait *l'art des projections,* résidait réellement une *méthode scientifique* qui permettait de rechercher et de démontrer certaines *vérités géométriques,* et ainsi toutes celles relatives à *la forme* de l'espace figuré. Et, à ce sujet, nous devons rappeler que Monge a souvent dit : « Si je refaisais mon ouvrage qui a pour titre *de l'analyse appliquée à la géométrie* (ouvrage dans lequel il s'est servi de *l'analyse infinitésimale* pour rechercher et démontrer un si grand nombre de propriétés inconnues jusqu'à lui et dont jouissent les courbes et les surfaces), je l'écrirais en deux colonnes : dans la première, je donnerais les démonstrations par *l'analyse*; dans la seconde, je donnerais les démonstrations par la *géométrie descriptive,* en d'autres termes, par la méthode des projections ; et l'on serait peut-être, ajoutait-il, bien étonné, en lisant cet ouvrage, de voir que l'avantage serait presque toujours du côté de la seconde colonne, pour la clarté du raisonnement, la simplicité de la démonstration, et la facilité de l'application des *théorèmes* trouvés aux divers *travaux des ingénieurs.* »

Or il faut savoir que Monge avait d'abord recherché et démontré par la géométrie descriptive presque tout ce qu'il a donné dans *son analyse appliquée à la géométrie*. Mais comme il lui était défendu de faire connaître ses méthodes géométriques, ttendu qu'il était attaché comme professeur à l'école du génie de *Mézières*, il fut obligé de traduire en *analyse* les résultats auxquels il était parvenu directement par la méthode des projections. Et, chose digne de remarque, c'est peut-être à cette nécessité de ne pas présenter ses recherches sous leur première forme, que nous devons les démonstrations si admirables données par *Monge* au moyen *du calcul aux différences partielles*, et qui ont fait faire un si grand pas à l'application de *l'analyse* à la *géométrie*.

Tout le monde sait que ce ne fut qu'après la révolution de 89, après la destruction de l'École du génie de Mézières, et lors de la création de la première École normale, qui précéda la création de l'École centrale des travaux publics, qui plus tard prit le nom d'École polytechnique, que *Monge* publia son Traité de *géométrie descriptive*, dans lequel se trouvaient révélées toutes les méthodes graphiques dont l'école de *Mézières*, faisait un secret ; et cependant un ouvrage moins complet, il est vrai, avait déjà paru sur ce sujet important: Cet ouvrage avait été publié, sous le titre de *Complément de géométrie*, par *Lacroix* (que les sciences viennent de perdre), alors qu'il était professeur aux écoles d'artillerie.

Il n'est pas sans intérêt pour l'histoire des sciences de rappeler comment le *Complément de géométrie* a été écrit par Lacroix, et ce qui lui a donné naissance.

Un officier du génie vint en congé à Besançon, où était une école d'artillerie; *Lacroix* y était professeur. Cet officier laissa dans sa chambre la collection de ses *épures*, ce que l'on appelait, en termes d'école, *la gache,* et s'absenta pour quelques mois. Les officiers d'artillerie qui avaient sur le cœur quelques plaisanteries, fort innocentes sans doute, sur leur ignorance des travaux de Mézières, résolurent de s'emparer du *trésor* de l'officier du génie. Le complot fut exécuté, les *épures* enlevées furent calquées, et puis les *originaux* remis en place. Mais grand fut l'étonnement, lorsque le travail fini, on voulut se mettre à déchiffrer les *hiéroglyphes* de l'école de *Mézières :* personne n'y comprenait rien. Alors on va trouver *Lacroix*, et on lui remet tous les *calques*. Lacroix parvint à déchiffrer tout ce qui est relatif au *point, à la droite et au plan*, et il rédigea sur ce sujet un petit traité qu'il fit publier sous le titre de *Complément de géométrie*. Ce fut son premier ouvrage, qui plus tard devait être suivi d'un si grand nombre de traités remarquables et utiles. *Populariser* la science, et ainsi la faire descendre des hautes régions pour la rendre accessible au plus grand nombre, fut une des pensées dominantes de *Lacroix*, et l'on voit que son premier début fut, non pas seulement de *populariser* une science, mais d'arracher à des mains avares une science éminemment utile à tous ceux qui s'occupent des travaux *d'ingénieurs*. *Lacroix* avait bien réfléchi avant de donner à son petit traité le titre de *complément de géométrie* ; il ne l'adopta qu'après avoir bien reconnu qu'en effet, la nouvelle méthode poussait réellement plus en avant la géométrie qui nous avait été léguée par les *anciens,* et qu'elle permettait de s'occuper avec certitude des problèmes à trois dimensions. *Monge* donna à son traité le titre de *géométrie descriptive,* parce qu'il connaissait toutes les ressources et tous les procédés de la géométrie nouvelle qu'il venait enfin d'enseigner *publiquement*. Il savait que, lorsqu'on considère un système dans l'espace, on parvient, en procédant par voie de *synthèse* et au moyen du *raisonnement géométrique*, à reconnaître les *diverses propriétés géométriques* dont jouit le système proposé; et que l'on décrit au fur et à mesure chacune de ses propriétés, en passant successivement des unes aux autres, les premières servant à reconnaître et à établir la vérité, l'exactitude des suivantes. Mais il savait aussi que *l'esprit* se fatigue par une attention trop longtemps soutenue, et qu'il est nécessaire *d'écrire* au fur et à mesure les découvertes faites, en un mot : ce que *l'esprit* voit et reconnaît être vrai, pour ne pas le surcharger et lui permettre d'ailleurs, lorsqu'il vient à s'égarer, de revenir avec certitude sur ses pas, pour reprendre sa route d'une manière plus assurée. *Monge* comprit dès lors que la géométrie nouvelle sert en même temps, et à *décrire* ce que *l'esprit* voit, et à *écrire*, et ainsi à fixer d'une manière invariable, ce que *l'esprit* a vu. C'est pour cela qu'il a donné à cette géométrie nouvelle le nom de *géométrie descriptive*. *Lacroix* et *Monge* ont toujours considéré l'un et l'autre la *géométrie descriptive,* comme une *science* dont la méthode fondamentale, celle *des projections*, était un nouveau moyen d'accroître nos connaissances géométriques, et de plus il l'ont regardée comme un *procédé graphique*, apte à écrire les *propriétés géométriques* d'un système à trois dimensions.

C'est en me conformant à cette manière d'envisager la *géométrie descriptive* que j'ai écrit ce *Cours* que je soumets au jugement des *géomètres* et des ingénieurs (1).

(1) Lorsque je songeai à rédiger mon Cours de Géométrie descriptive, je priai M. de Paul, mon répétiteur à l'École centrale des arts et manufactures, d'assister à mes leçons, de les rédiger et de les lithographier pour l'usage de nos élèves. M. de Paul rédigea avec soin et avec zèle la première partie (du point, de la droite et du plan) et quelques fragments de la seconde partie (des courbes et des surfaces); ce sont ces lithographies faites, sous ma direction, d'après mes leçons et quelques notes que je rédigeai à la hâte, qui m'ont servi de *bases* pour la rédaction définitive.

J'ai peu changé à la rédaction de la première partie, j'y ai fait cependant quelques additions et quelques corrections : c'est d'après les dessins de M. de Paul que les quarante-deux planches de la première partie ont été gravées.

J'ai écrit en son entier la seconde partie, en y faisant entrer les fragments rédigés, sous ma direction, par M. de Paul.

PRÉFACE DE LA DEUXIÈME ÉDITION (1852).

Je n'ai rien changé à la distribution des matières dans cette seconde édition de mon Cours de géométrie descriptive.

En écrivant ce traité, en 1843, je n'avais point songé à écrire un ouvrage en vue de tel ou tel programme officiel ; j'ai voulu exposer mes idées, les croyant bonnes et utiles, j'ai écrit un traité *ex professo*.

J'avais toujours pensé, et cette opinion a été chez moi confirmée par trente-cinq années d'expérience dans l'enseignement, que les principes fondamentaux de la géométrie descriptive résidaient dans tous les problèmes que l'on pouvait être appelé à résoudre au sujet du point, de la droite et du plan, et que, lorsque l'on sait très-bien tout ce qui est relatif au point, à la droite et au plan, l'on aborde très-facilement les courbes et les surfaces. Qu'ainsi il fallait dans la 1ʳᵉ partie du cours, montrer toutes les méthodes usitées en géométrie descriptive, pour n'avoir plus à en faire que des applications dans la 2ᵉ partie, lorsque l'on s'occupait des courbes et des surfaces.

On sait le calcul différentiel lorsque l'on sait différentier toutes les fonctions connues ; on a ensuite les applications du calcul différentiel à telles ou telles questions. De même l'élève sait la géométrie descriptive, lorsque tout ce qui dans cette science est relatif au point, à la droite et au plan lui est connu ; le reste n'est plus que l'application des méthodes de la géométrie descriptive à la solution de telles ou telles questions.

D'après ces vues, j'ai dû, dans la 1ʳᵉ partie, exposer les principes de tous les systèmes de projection ; j'ai dû faire connaître certains procédés particuliers à la géométrie descriptive pour la solution des problèmes proposés, tels que changement des plans de projection ; mouvement de rotation d'un point, d'une droite, d'un plan autour d'un axe ; transformation d'une figure ou d'un relief, en une autre figure ou un autre relief, etc. Dans cette seconde édition j'ai ajouté ce qui est relatif à la projection isométrique dont les Anglais et les Allemands font maintenant un usage constant dans le dessein des machines.

Lorsque cet ouvrage a paru, en 1843, il a été très-critiqué par les professeurs dont il venait gêner les habitudes, cependant peu à peu on est venu à reconnaître que je pourrais bien avoir raison. Le temps est un grand maître, il efface peu à peu toutes les oppositions à ce qui est bon et utile.

C'est ainsi que l'on commence à comprendre, que, lorsque l'on veut parler aux élèves des propriétés d'une surface, la première chose à faire est de mettre sous leurs yeux le relief de cette surface, pour qu'ils voient distinctement ce dont on veut leur parler.

Il y a plusieurs années que l'usage des modèles était encore proscrit et pour ainsi dire officiellement et de par l'autorité scientifique, dans l'enseignement de la géométrie ordinaire et de la géométrie descriptive : on enseignait en se servant seulement de la craie, du tableau noir et de l'éponge. Montrer un relief à un élève était chose défendue, on aurait semblé douter de sa haute intelligence. Aussi, ce principe admis, on en était venu à enseigner la physique en ne faisant aucune expérience ; la craie, le tableau noir et l'éponge étaient les seules choses nécessaires à un professeur, quelle que fût la science qu'il enseignât, physique, astronomie, géodésie, géométrie descriptive, mécanique, etc.

Heureusement que le bon sens a enfin fait justice de cette étrange utopie.

Donner au professeur de géométrie descriptive le moyen de faire autant de figures qu'il voudra et avec un seul instrument, est donc une chose utile.

Utile dans l'intérêt de l'enseignement, utile sous le point de vue économique.

Ce sont ces vues d'utilité et d'économie qui me portèrent, en 1829, à construire un instrument auquel je donnai le nom d'*omnibus* et qui fût apte à montrer le relief de tous les problèmes relatifs au point, à la droite et au plan, en un mot apte à montrer le relief de tout système géométrique composé de lignes droites.

Cet instrument est ainsi composé :

On prend une boîte à deux fonds, semblable à celle connue sous le nom de tric-trac portatif. On remplit chacun des deux fonds par une plaque de liége ; on a ainsi deux plans tournant autour d'une charnière.

L'un des fonds étant horizontal, on peut placer le second en une position verticale et l'y maintenir au moyen d'un crochet.

On a alors les deux plans de projection en leur véritable position.

On a ensuite quatre jeux de fiches dont la section est pour chacune un carré de 3 à 5 millimètres environ ; les fiches du premier jeu sont rouges, celles du deuxième sont noires, celles du troisième sont divisées en tronçons alternativement rouges et blancs, et celles du quatrième sont divisées en tronçons alternativement noirs et blancs.

Chaque fiche porte à son extrémité une aiguille qui permet de la fixer solidement en telle ou telle position, dans la plaque de liége.

On a ainsi un certain nombre de fiches de même longueur et de longueurs variées.

Au moyen des fiches rouges on construit dans l'espace un système rapporté de position aux deux plans de projection.

Au moyen des fiches rouges et blanches on projette les divers points du système de l'espace sur chacun des deux plans de projection ; au moyen des fiches noires et blanches, on projette sur la ligne de terre (intersection des deux plans de projection) les projections des points de l'espace ; et enfin au moyen des lignes noires on a les projections des lignes rouges de l'espace et ainsi les projections des *données* et des *résultats*. Il est inutile de dire que c'est au moyen des fiches que l'on exécute sur les deux plans rectangulaires entre eux les opérations graphiques nécessaires à la solution du problème.

Cela fait on enlève toutes les fiches, rouges et blanches, qui sont dans l'espace.

Tout le système solide a disparu, il ne reste plus que les deux projections horizontale et verticale du système. On rabat le plan vertical sur le plan horizontal et l'on a *l'épure*, au moyen de laquelle on doit et l'on peut reconstruire le système solide.

On peut donc varier à volonté les données d'un même problème et, sur le relief même, discuter le choix et la méthode à employer (en vertu des données particulières que l'élève a sous les yeux) pour la meilleure solution graphique du problème proposé.

Avec cet instrument on peut faire voir : les surfaces développables et leur arête de rebroussement, les cônes, les cylindres, les paraboloïdes, les hyperboloïdes, les conoïdes, enfin toute surface réglée.

Les professeurs peuvent faire exécuter cet instrument dans la ville où ils professent, à peu de frais, par un bon ouvrier menuisier de l'endroit.

Je me suis très-bien trouvé de l'emploi de cet omnibus dans l'enseignement de la géométrie descriptive, soit à l'école centrale des arts et manufactures depuis 1829, soit au conservatoire des arts et métiers depuis 1841.

Je saisis avec plaisir cette occasion de remercier le général d'artillerie, M. Morin, mon ancien camarade, d'avoir propagé l'usage de cet instrument dans les écoles d'arts et métiers et dans les écoles régimentaires de l'artillerie.

Paris, 25 mai 1852.

AVERTISSEMENT DE LA TROISIÈME ÉDITION.

L'ouvrage d'Olivier n'est pas une de ces compilations qui se prêtent à des additions ou à des coupures sans perdre leur caractère distinctif ; c'est au contraire un livre où les vues personnelles de l'auteur sont exposées d'une manière à peu près exclusive. Olivier n'était pas un éclectique ; le rôle qu'il s'attribuait était plutôt celui d'un novateur dont les idées, d'ailleurs discutables, doivent par cela même être laissées intactes jusque dans le développement des moindres détails.

Ma ligne de conduite était donc toute tracée. Il fallait non-seulement conserver le texte d'Olivier sans altérations, mais encore n'ajouter que des notes offrant le caractère général de l'œuvre et rédigées d'après les autres écrits de l'auteur. Tel est le travail auquel je me suis livré, à la demande de madame Olivier et de M. Dunod. Ce travail est tout à fait impersonnel quant au fond (1) ; je n'avais pas à exposer mes propres opinions ; je ne devais ni ne voulais faire œuvre de critique ; ma mission s'est bornée à mettre en lumière les idées seules du professeur éminent dont j'ai l'honneur d'occuper aujourd'hui la chaire. Heureux d'avoir pu rendre hommage au maitre dont le talent et le caractère ont laissé des traces si profondes dans le cœur de ses anciens élèves, à l'homme qui partagera à jamais, avec MM. Dumas, Lavallée et Péclet la gloire d'avoir donné à la France l'École centrale des arts et manufactures !

EUGÈNE ROUCHÉ.

Paris, 1er janvier 1870.

(1) Voir l'avertissement de la 2e partie.

COURS

DE

GÉOMÉTRIE DESCRIPTIVE.

PREMIÈRE PARTIE.

DU POINT, DE LA DROITE ET DU PLAN.

CHAPITRE PREMIER.

NOTIONS PRÉLIMINAIRES.

1. La géométrie ordinaire montre parfaitement la disposition relative des parties d'une figure entièrement située sur un seul plan, mais elle n'est plus suffisante pour représenter les constructions que l'on doit exécuter dans l'espace, pour la solution des problèmes à trois dimensions, comme on peut s'en assurer par des exemples fort simples ; ainsi par exemple :

On sait que la distance d'un point à un plan est mesurée par la perpendiculaire abaissée de ce point sur le plan ; mais comment fixer la direction de cette perpendiculaire ? Comment déterminer le point où elle rencontre le plan ? La géométrie ordinaire n'enseigne pas à résoudre ces questions ; les méthodes graphiques dont elle fait usage sont à cet égard complétement impuissantes. On est obligé d'employer des méthodes particulières, dont l'étude dépend de la *géométrie descrip-*

1

tive ; mais pourtant la géométrie descriptive est mal définie (ou plutôt incomplète-
ment définie) lorsqu'on dit *qu'elle a pour but d'apprendre à représenter sur une feuille
de dessin, qui n'a que deux dimensions, des corps qui ont trois dimensions.* Ce n'est
là qu'une faible partie de cette science ; la géométrie descriptive enseigne en outre
des méthodes de recherche qui peuvent s'appliquer avantageusement à tous les problèmes de *relation de position ;* car, *en général,* l'analyse seule peut donner la solution des problèmes de *relation métrique.* Enfin, en faisant marcher ensemble ces
deux branches des mathématiques, il n'est pas de problème que l'on ne puisse
parvenir à résoudre.

Monge a dit de la géométrie descriptive que c'est *la langue de l'ingénieur,* il faut
donc apprendre à la lire et à l'écrire.

Tous les travaux des ingénieurs se réduisent à la résolution des deux problèmes
suivants :

1° *Faire un lever,* c'est-à-dire : représenter sur une feuille de dessin l'image d'un
corps ou d'un système de corps existant, de manière à pouvoir le reproduire
identiquement partout où l'on voudra ;

2° *Faire un projet,* c'est-à-dire : ayant conçu un corps ou un système de corps,
en faire un dessin, à l'aide duquel on puisse l'exécuter exactement.

2. Lorsqu'on imprime un mouvement quelconque à un plan ou à une surface,
en général elle n'éprouve aucune altération dans aucune de ses parties. Les dispo-
sitions relatives des points et des lignes entre eux demeurent les mêmes à une épo-
que quelconque du mouvement. Les angles que les lignes forment entre elles ne
changent pas de grandeur, et les longueurs des lignes non indéfinies se conservent les mêmes. Si l'on fait tourner un plan autour de son intersection avec un
autre plan, jusqu'à ce qu'il se confonde avec celui-ci, on dit qu'on *rabat*
le premier plan sur le second. Cette opération est fréquemment répétée en
géométrie descriptive dans le but de ramener sur la feuille de dessin des constructions qui n'y sont pas contenues, ou, en d'autres termes, qu'il faudrait exécuter dans l'espace. Nous y parviendrons aussi par d'autres considérations également
fécondes (*).

Représentation d'un point.

3. Un corps, une surface, une ligne, sont connus, quand on peut, au moyen

---

(*) Ayant mené un plan sécant à travers un corps, le rabattre, soit sur le plan horizontal, soit sur
le plan vertical de projection, c'est faire en *géométrie descriptive* identiquement ce que l'on fait en
analyse lorsqu'on emploie les formules d'Euler pour trouver l'équation d'une courbe de section dans
le plan même *de section,* en rapportant cette courbe à deux axes, rectangulaires entre eux, tracés
dans son plan.

des données, trouver tous les points qui composent le corps, la surface et la ligne. Il faut donc avant tout savoir fixer la position d'un point dans l'espace.

Pour cela on peut employer plusieurs méthodes dont nous parlerons par la suite, mais dont la plus simple consiste à considérer deux plans (qui se coupent à angle droit) HH' et VV' (*fig.* 1). On suppose que l'un d'eux, HH', est *horizontal*, l'autre, VV', est alors *vertical*, leur intersection LT prend le nom de *ligne de terre*. Ces deux plans, qu'il faut concevoir indéfiniment prolongés dans tous les sens, se coupent mutuellement en deux parties ou régions.

La partie LTH du plan horizontal, située en avant du plan vertical, se nomme *partie antérieure ;* la partie LTH', située derrière le plan vertical, se nomme *partie postérieure*.

La partie LTV du plan vertical, située au-dessus du plan horizontal, se nomme *partie supérieure ;* la partie LTV' située au-dessous du plan horizontal, se nomme *partie inférieure*.

De plus ces deux plans forment quatre angles dièdres, que l'on désigne par les noms des parties qui les comprennent, ainsi :

HLTV se nomme angle antérieur-supérieur et s'écrit ainsi : $\widehat{A, S}$

H'LTV	—	angle postérieur-supérieur	—	$\widehat{P, S}$
H'LTV'	—	angle postérieur-inférieur	—	$\widehat{P, I}$
HLTV'	—	angle antérieur-inférieur	—	$\widehat{A, I}$

4. Cela posé, si d'un point m de l'espace on abaisse une perpendiculaire *mn* sur le plan horizontal HH', le pied *n* de cette ligne est dit *la projection horizontale du point* m, et la perpendiculaire *mn* est *la ligne projetant horizontalement le point* m : de même si l'on abaisse *mp* perpendiculaire sur le plan vertical VV', le pied *p* de cette droite est *la projection verticale du point* **m,** et la perpendiculaire *pm* est *la ligne projetant verticalement le point* m.

5. Si l'on conduit un plan par les droites *mn* et *mp*, la figure *mnop* située dans ce plan est évidemment un rectangle ; de plus ce plan est perpendiculaire aux deux plans HH' et VV', et par suite à leur intersection LT ; donc :

1° La distance *mn* du point m au plan horizontal est égale à la distance *po* de sa projection verticale à la ligne de terre ;

2° La distance *mp* du point m au plan vertical est égale à la distance *no* de sa projection horizontale à la ligne de terre ;

3° Si des deux projections d'un même point on abaisse des perpendiculaires sur la ligne de terre, elles la coupent au même point.

6. *Les deux projections n et p d'un point m en fixent la position dans l'espace.* En

effet le point doit se trouver sur une perpendiculaire au plan HH′ élevée par la projection horizontale *n* et à une distance égale à *op*, donc en prenant *nm=op*, le point *m* est le point cherché; on obtient aussi le même point *m* de l'espace en prenant *pm=on*, sur une perpendiculaire élevée du point *p* au plan vertical VV′; enfin on sait que les perpendiculaires aux plans HH′ et VV′, élevées respectivement par les points *n* et *p*, sont dans un même plan, elles se coupent donc au point *m*, dont les points *n* et *p* sont les projections.

7. Un point est encore déterminé par la condition d'être situé à la fois sur deux droites ou sur une droite et un plan, c'est même toujours ainsi qu'il est donné; car assigner les deux projections d'un point c'est dire que le point est sur deux droites perpendiculaires aux plans de projection, et passant par les projections données de ce point.

8. Dans ce qui précède nous avons considéré deux plans perpendiculaires entre eux; pour ramener toutes les constructions à n'être exécutées que sur la feuille de dessin et ainsi sur un seul plan et non dans l'espace, on suppose que le plan vertical VV′ tourne autour de la droite LT, comme charnière, pour se *rabattre* sur le plan horizontal HH′ et de telle manière que la partie supérieure LTV de ce plan vertical se couche sur la partie postérieure LTH′ du plan horizontal, et que la partie inférieure LTV′ se recouche sous la partie antérieure LTH.

Dans ce mouvement la projection verticale *p* du point *m* de l'espace, est entraînée, ainsi que la ligne *op* laquelle vient se placer, après le rabattement, en *oq* sur le prolongement de la droite *no*, de telle sorte qu'après le rabattement du plan vertical les deux projections *n* et *q* d'un même point *m* de l'espace sont situées sur une même perpendiculaire à la ligne de terre. On doit conclure de ce qui précède que, sur le dessin tracé sur une feuille de papier, dessin que l'on appelle épure : *deux points choisis arbitrairement, l'un sur le plan vertical et l'autre sur le plan horizontal des projections ne peuvent représenter les projections d'un même point de l'espace, qu'autant qu'ils sont situés sur une même perpendiculaire à la ligne de terre.*

9. A l'avenir, nous désignerons un point de l'espace par une lettre minuscule, et ses projections par la même lettre avec un indice supérieur *h* ou *v*. Ainsi le point *m* de l'espace est celui dont les projections horizontale et verticale sont respectivement *m^h* et *m^v* (*fig.* 2). Un point étant déterminé, en géométrie descriptive, par ses deux projections, quand on dit, qu'un point est donné, il faut entendre que l'on donne les projections horizontale et verticale de ce point ; et quand on demande de trouver un point de l'espace, il faut entendre qu'on demande de trouver les deux projections de ce point.

Quand une figure est énoncée ou décrite dans l'espace, il faut pouvoir l'écrire immédiatement sur la feuille de dessin, ou, en d'autres termes, sur un seul plan ; et réciproquement, quand une figure est écrite sur la feuille de dessin, il faut savoir la lire immédiatement dans l'espace. Pour cela il faut, au moyen des projections d'un point, concevoir de suite la position qu'il occupe dans l'espace ; et, réciproquement, connaissant la position d'un point dans l'espace, il faut savoir en déduire de suite les positions de ses deux projections.

10. *Alphabet du point.* — Un point peut occuper dans l'espace plusieurs positions qui seront indiquées par celles de ses projections à l'égard de la ligne de terre, comme elles le sont dans la géométrie analytique par les signes et les grandeurs des coordonnées.

1° Lorsqu'un point est situé dans l'un des quatre angles dièdres formés par les plans de projection, il est facile de voir que les projections de ce point se trouvent sur les parties des plans qui comprennent cet angle : les quatre positions que le point peut affecter dans ce cas sont indiquées par la *fig.* 3.

2° Le point peut être sur l'un des plans de projection ; il est alors à lui-même sa projection sur ce plan, et son autre projection est évidemment sur la ligne de terre. On a encore quatre cas représentés par la *fig.* 4, où l'on a écrit la lettre *m*, qui désigne le point, sans indice pour exprimer que c'est le point lui-même et non une de ses projections.

3° Si le point est sur la ligne de terre, il n'a pas d'autres projections que lui-même, c'est pourquoi on écrit seulement la lettre *m* à côté du point (*fig.* 5).

4° Un point, situé dans l'un des quatre angles dièdres, peut être également distant des deux plans de projection, c'est-à-dire que l'on peut avoir $om^v = om^h$ (*fig.* 2) (N° 5) ; dans ce cas les deux projections se confondent lorsqu'elles sont du même côté de la ligne de terre ; on a donc encore les deux cas représentés dans la *fig.* 6. On conclut de là que :

1° *Tous les points dont les projections sont distinctes et également éloignées de la ligne de terre, se trouvent sur le plan bissecteur des angles dièdres* $\widehat{A, S}$ *et* $\widehat{P, I}$;

1° *Tous les points dont les projections sont confondues, se trouvent sur le plan bissecteur des angles dièdres* $\widehat{P, S}$ *et* $\widehat{A, I}$.

Représentation de la ligne droite.

11. Si par tous les points d'une droite on abaisse des perpendiculaires sur le plan horizontal, leurs pieds sont les projections horizontales des divers points de la droite, et la ligne qui les unit est la **projection horizontale de la droite.** Toutes ces perpendiculaires sont dans un même plan perpendiculaire au plan ho-

rizontal et dont l'intersection avec ce plan est la *projection* de la droite ; on raisonnerait de même à l'égard de la projection d'une droite sur tout autre plan ; donc *la projection d'une droite sur un plan est une ligne droite*. On obtient les deux projections d'une droite en menant par cette droite deux plans respectivement perpendiculaires aux plans de projection ; on les nomme *plan projetant horizontalement la droite* et *plan projetant verticalement la droite*.

12. Nous désignerons une droite de l'espace par une lettre majuscule, et ses projections par la même lettre avec des indices supérieurs *h* ou *v* ; ainsi D^h et D^v (*fig.* 7) sont les projections horizontale et verticale de la droite D. Quelquefois aussi nous indiquerons une droite par deux de ses points, et principalement une droite finie de longueur, qui doit très-souvent être désignée par les points auxquels elle se termine ; ainsi, la droite passant par deux points *a* et *b* sera désignée de la manière suivante : droite (*a*, *b*).

13. *Une droite est, en général, déterminée par ses deux projections ;* car en élevant par D^h un plan perpendiculaire au plan horizontal, et par D^v un plan perpendiculaire au plan vertical, la droite D doit se trouver à la fois sur ces deux plans, elle est donc leur intersection. Il résulte de là qu'une droite donnée par ses deux projections est réellement donnée par deux plans dont elle est l'intersection.

Une droite est aussi complétement déterminée par deux de ses points ; car ils feront connaître deux points de chaque *projection*. Parmi les points d'une droite on considère d'une manière spéciale les deux points en lesquels elle perce les plans de projection et que l'on nomme les *traces* de la droite ; ces deux points remarquables sont très-propres à fixer la direction d'une droite par rapport aux plans des projections et par suite sa direction dans l'espace.

14. PROBLÈME 1. — *Étant données les traces d'une droite, construire ses projections* (*fig.* 7). Soient *a* la trace horizontale et *b* la trace verticale d'une droite D ; a^v et b^h seront sur la ligne de terre (n° 10, 2°) et sur des perpendiculaires à cette ligne abaissées des points *a* et *b* (n° 8) ; on aura donc deux points *a* et b^h de D^h et deux points *a* et a^v de D^v ; donc ces projections D^h et D^v sont connues.

15. PROBLÈME 2. — *Trouver les traces d'une droite, dont on connaît les projections* (*fig.* 7). La trace horizontale appartenant à la fois à la droite D et au plan horizontal, sa projection verticale doit être sur D^v et sur LT, donc en a^v ; le point *a* est à lui-même sa projection horizontale, donc il se trouve sur D^h et sur une perpendiculaire menée à la ligne de terre par a^v, c'est-à-dire à l'intersection *a* de ces deux droites. De même la trace verticale étant sur D et sur un plan vertical, sa projection horizontale est en b^h, et le point est lui-même en *b*.

De là on peut conclure que pour avoir une des traces d'une droite, *il faut prolonger la projection de nom contraire jusqu'à la ligne de terre et par le point de rencontre avec cette ligne de terre, élever une perpendiculaire à cette ligne de terre, et le point où cette perpendiculaire coupe l'autre projection de la droite sera la trace demandée.*

16. Une droite indéfiniment prolongée peut n'être pas toute entière contenue dans un seul des angles dièdres formés par les plans de projection ; alors la portion située dans l'angle dièdre $\widehat{A, S}$ est *vue*, mais tout ce qui se trouve derrière le plan vertical ou au-dessous du plan horizontal est caché par l'un de ces plans ; on exprime cela sur la figure par la manière d'écrire les projections de ces portions de la droite. On est convenu d'écrire en *lignes pleines* les projections de la partie comprise dans l'angle dièdre $\widehat{A, S}$, et en *lignes ponctuées* (ou formées de points ronds) les projections des parties de droite comprises dans l'un des trois autres angles diè- dres, comme nous l'indiquerons sur les figures suivantes : il est évident qu'une por- tion de droite *vue* a, sur l'épure, sa projection horizontale au-dessous et sa projection verticale au-dessus de la ligne de terre.

Mais cette ponctuation ne convient qu'aux *lignes principales* d'une figure c'est-à- dire, aux lignes qui représentent les données ou les quantités cherchées du problème. Quant aux autres lignes on les distingue en deux classes :

1° *Lignes auxiliaires* qui, sans être au nombre des lignes principales ci-dessus indiquées, jouent dans la figure un rôle assez important ; on les écrit en *lignes mixtes*, c'est-à-dire formées de petits traits longs et séparés entre eux par un ou plusieurs points ronds ;

2° *Lignes de construction*, que l'on nomme aussi quelquefois lignes de projection, qui sont censées ne pas exister, parce qu'elles n'ont dans l'épure qu'un rôle d'une très-faible importance ; on les trace en *lignes pointillées*, c'est-à-dire formées de petits traits plus courts et plus fins que ceux des lignes mixtes (les lignes de projection sont celles qui unissent entre eux, sur l'épure, les points qui sont les projections d'un même point de l'espace, elles sont dès lors perpendiculaires à la ligne de terre).

Outre les parties d'une figure cachées par les plans de projection, d'autres parties peuvent l'être par les parties antérieures de la figure elle-même ; mais pour ne pas multiplier sans nécessité les lignes ponctuées, ce qui en outre nuirait à l'intelligence de la figure, on suppose souvent que ces portions de la figure sont seulement repré- sentées par les lignes tracées sur les plans de projection, lignes qui suffisent ordinai- rement pour les déterminer complétement.

17. *Alphabet de la droite.* Une droite peut affecter dans l'espace (et ainsi par rap- port aux deux plans de projection) un grand nombre de positions, qu'on exprime, sur l'épure, par les situations respectives de ses projections par rapport à la ligne de terre, et par la ponctuation de ses *projections*.

1° La droite peut être oblique par rapport aux deux plans de projection, et la portion comprise entre ses traces horizontale et verticale, peut être située dans l'un des quatre angles dièdres ; il est évident que les traces de la droite sont situées sur les parties des plans qui forment cet angle ; ainsi on aura les quatre positions indiquées (*fig.* 8), qu'il serait facile de lire par la ponctuation seule. Pour établir cette ponctuation, remarquons que dans le premier cas la partie *ab* étant dans l'angle $\widehat{A, S}$ est *vue*, les portions ab^h et a^vb des projections doivent donc être en ligne pleine ; mais au delà du point *a* la droite D passe au-dessous du plan horizontal, et au delà du point *b* elle passe derrière le plan vertical : c'est pourquoi les parties de la projection horizontale situées en dehors des points *a* et b^h et les parties de la projection verticale situées en dehors des points *a* et b^v sont en lignes ponctuées. On trouverait de même la ponctuation qu'il convient d'adopter dans les trois autres cas. Supposant maintenant les droites tracées sans notation ; pour conclure de la ponctuation seule où est la projection horizontale, nous dirons : la partie de la droite dont les projections sont en ligne pleine doit être dans l'angle $\widehat{A, S}$; donc dans le 4° cas, par exemple, c'est la portion à gauche du point *a ;* donc pour cette partie la projection horizontale est au-dessous et la projection verticale au-dessus de la ligne de terre. Par suite le point *a* est la trace horizontale et le point *b* la trace verticale de la droite. On trouverait de même la direction de la droite dans les trois autres cas.

2° La droite peut être parallèle au plan horizontal ; sa projection verticale est alors parallèle à la ligne de terre, car tous les points de la droite D sont à la même distance du plan horizontal ; la projection horizontale est quelconque, et l'on a les trois positions indiquées (*fig.* 9), suivant que la droite D est au-dessus du plan horizontal, dans ce plan, ou au-dessous de lui.

3° Si la droite est parallèle au plan vertical ; sa projection horizontale est parallèle à la ligne de terre, sa projection verticale est quelconque, et l'on a les trois positions indiquées (*fig.* 10), suivant que la droite D est en avant du plan vertical, dans ce plan, ou derrière lui.

4° La droite peut être parallèle à la fois aux deux plans de projection, et par conséquent à la ligne de terre ; ses deux projections sont alors parallèles à LT. Ce cas présente neuf positions, savoir : *quatre*, lorsque la droite est située dans l'un des quatre angles dièdres (*fig.* 11) ; *quatre*, lorsqu'elle se trouve sur l'une des quatre régions des plans de projection (*fig.* 12); enfin elle peut être confondue avec la ligne de terre (*fig.* 13). Ces neuf positions sont les mêmes que les neuf positions du point (*fig.* 3, 4, 5), il suffit de remplacer les points *m*, m^h, m^v, etc., par des droites D, D^h, D^v, etc., parallèles à la ligne de terre. Si dans ce cas la droite est également distante des deux plans de projection, ses deux projections seront distinctes ou séparées et placées à la même distance de la ligne de terre, lorsque cette droite sera située dans les angles dièdres $\widehat{A, S}$ ou $\widehat{P, I}$. Elles se confondront quand elles seront situées du même côté (*fig.* 14) de la ligne de terre ; et, dans ce cas, la droite se trouvera dans les angles dièdres $\widehat{A, I}$ et $\widehat{P, S}$. Dans le premier cas la droite sera sur le plan bissecteur de l'angle $\widehat{A, S}$, et dans le deuxième cas elle sera sur le plan bissecteur de l'angle $\widehat{A, I}$.

5° Si la droite est perpendiculaire au plan horizontal, sa projection horizontale se réduit à un seul point et sa projection verticale est perpendiculaire à la ligne de terre, car le plan projetant verticalement la droite et le plan vertical de projection sont tous deux perpendiculaires au plan horizontal. La droite peut dans ce cas affecter trois positions : elle peut être située en avant du plan vertical, dans ce plan, ou derrière lui (*fig.* 15).

6° Trois positions semblables (*fig.* 16) répondent au cas d'une droite perpendiculaire au plan vertical et située au-dessus du plan horizontal, dans ce plan, ou au-dessous de lui.

Il résulte de ces deux cas que om^v (*fig.* 2) est la projection verticale de la droite projetant horizontalement le point m, laquelle a pour projection horizontale le point m^h, et om^h est la projection horizontale de la droite projetant verticalement le point m, laquelle a pour projection verticale le point m^v.

7° Si la droite D a dans l'espace une direction perpendiculaire à la ligne de terre LT, ses deux projections se confondent en une seule droite perpendiculaire à la ligne de terre ; car si l'on fait passer par la droite D un plan vertical, ce plan est de plus perpendiculaire à LT ; donc ses intersections avec les deux plans de projection, ou D^h et D^v, sont toutes deux perpendiculaires à LT et la coupent au même point, et par conséquent se confondent après le rabattement du plan vertical. Les deux projections de la droite ne suffisent donc plus, *dans ce cas,* pour en fixer la direction dans l'espace, mais elle sera complétement déterminée si l'on donne deux de ses points. La droite dans ce cas peut affecter quatre positions suivant que la portion comprise entre ses traces est interceptée dans l'un des quatre angles dièdres (*fig.* 17).

8° Si la droite rencontre la ligne de terre, ses traces a et b se confondent en un même point de cette ligne ; dans ce cas il peut arriver que les projections D^h et D^v (*fig.* 18) fassent des angles aigus avec la même portion de LT, l'une au-dessus et l'autre au-dessous ; cette disposition appartient évidemment à une droite traversant les angles $\widehat{A, S}$ et $\widehat{P, I}$. Si les angles aigus sont formés avec les deux parties LT (*fig.* 19), cela représente évidemment une droite traversant les angles $\widehat{P, S}$ et $\widehat{A, I}$. Si les angles aigus sont égaux, la droite est sur l'un des deux plans bissecteurs (n° 10, 4°) et dans le dernier cas les deux projections se confondent en une seule droite (*fig.* 20).

9° Si la droite rencontrant la ligne de terre lui est perpendiculaire, les deux projections se réunissent en une seule droite perpendiculaire à LT ; dès lors elles ne suffisent plus pour la déterminer ; il faut alors donner un autre point quelconque de la droite (*fig.* 21).

18. On voit par tout ce qui précède qu'une droite est toujours entièrement déterminée par les projections de deux de ses points, tandis que, dans quelques cas particuliers, les projections de la droite ne sont plus suffisantes.

19. Deux droites qui ne sont pas perpendiculaires à la ligne de terre peuvent toujours représenter les projections d'une droite de l'espace. Car en élevant les deux plans projetants, ils se coupent suivant une droite déterminée. La droite est indéterminée quand les deux projections se confondent en une perpendiculaire à la ligne de terre LT. Deux droites dont une seule est perpendiculaire à la ligne de terre, ou qui lui étant toutes deux perpendiculaires ne la coupent pas au même point, ne peuvent pas être les projections d'une même droite de l'espace.

20. Deux droites D et D′ situées dans l'espace peuvent se couper, être parallèles, ou n'être pas situées dans un même plan.

1° Si elles se coupent (*fig.* 22), les projections de leur point d'intersection m appartiennent à la fois aux projections de ces deux droites D et D′, donc m^h et m^v en lesquels se coupent respectivement les projections D^h, D′^{h} et D^v, D′^{v}, doivent (*sur l'épure*) être situés sur une même perpendiculaire à la ligne de terre (n° 8).

2° Si elles sont parallèles, leurs projections de même noms ont parallèles (*fig.* 23), car les deux plans projetants correspondants sont parallèles.

3° Si elles ne sont pas situées dans un même plan, le point d'intersection de leurs projections verticales n'est pas sur une même perpendiculaire à la ligne de terre avec le point d'intersection de leurs projections horizontales (*fig.* 24).

21. Les réciproques de ces trois propositions sont vraies, c'est-à-dire que, 1° si les projections de deux droites se coupent en deux points m^v et m^h situés sur une même perpendiculaire à la ligne de terre (*fig.* 22), les droites se coupent dans l'espace ; car le point m, ayant ses projections sur celles de la droite D, appartient à cette droite et par une même raison il appartient à la droite D′.

2° Si les projections de même nom sont parallèles (*fig.* 23) les droites sont parallèles, car les quatre plans projetant sont deux à deux parallèles et par conséquent les quatre intersections dont deux ne sont autres que les droites D et D′, sont aussi parallèles.

3° Si les projections des droites se coupent en des points non situés sur une même perpendiculaire à la ligne de terre, les droites ne sont pas dans un même plan (*fig.* 24), car deux droites tracées sur un plan se coupent ou sont parallèles, et leurs projections seraient disposées comme dans les *fig.* 22 ou 23. Il en résulte que si les deux projections horizontales seules ou si les deux projections verticales seules sont parallèles, les droites ne sont pas parallèles.

22. Lorsque deux droites sont perpendiculaires à **LT**, leurs projections sont respectivement parallèles ; mais il n'en résulte pas que les droites dans l'espace le soient. Mais si D et D′ (*fig.* 25) sont parallèles, choisissant deux points a et b, a' et b' sur chaque droite, si l'on conçoit des verticales abaissés des points b et b' et des horizontales menées des points a et a' qui coupent les verticales en des points que nous désignerons par i et i', on formera deux triangles abi, $a'b'i'$ qui seront semblables comme ayant les côtés respectivement parallèles, on a donc :

$$ia : ib :: i'a' : i'b'$$

mais

$$ia = a^h b_h,\ ib = a^v b^v,\ i'a' = a'^h b'^h,\ i'b' = a'^v b'^v$$

donc

$$a^h b^h : a^v b^v :: a'^h b'^h : a'^v b'^v$$

23. Réciproquement, si cette relation a lieu, les droites **D** et **D′** sont parallèles ; car ayant construit comme ci-dessus les triangles abi et $a'b'i'$ rectangles en i et i', ils sont semblables comme ayant un angle égal compris entre côtés proportionnels ; ces côtés sont en outre parallèles, donc aussi les hypoténuses ab et $a'b'$ ou les droites D et D′ sont parallèles.

24. Problème 3. *Par un point donné mener une droite parallèle à une droite donnée* (*fig.* 26). Les projections de la droite cherchée X doivent passer respectivement par les projections du point donné m, et être parallèles aux projections de la droite donnée **D**.

Représentation des lignes courbes.

25. Si de tous les points $a,b,c,\ldots m$ (*fig.* 27) d'une courbe C on abaisse des perpendiculaires sur le plan horizontal, les pieds $a^h, b^h, c^h, \ldots m^h$ de ces perpendiculaires forment une ligne C^h, qui est la *projection horizontale de la courbe* C. Toutes les perpendiculaires $aa^h, bb^h, cc^h, \ldots mm^h$ sont parallèles et forment une surface que nous désignerons plus loin sous le nom de *surface cylindrique*, et qui est dite *surface ou cylindre projetant horizontalement la courbe* C. En abaissant de même des perpendiculaires sur le plan vertical, elles formeront *le cylindre projetant verticalement la courbe* C. Une courbe C peut donc être toujours considérée comme l'intersection de deux surfaces cylindriques.

Si la courbe C était tracée dans un plan perpendiculaire au plan horizontal, par exemple, toutes les droites aa^h, bb^h, etc.. seraient situées dans ce plan, C^h serait l'intersection de ce plan avec le plan horizontal, et par conséquent cette projection de la courbe C serait une droite et l'autre projection serait nécessairement une courbe. Si la courbe C était dans un plan perpendiculaire à LT, ses deux projections seraient l'une et l'autre des droites.

26. PROBLÈME 4. *Trouver les points en lesquels une courbe rencontre les plans de projection* (*fig.* 28). Les points en lesquels la courbe C rencontre le plan horizontal se projettent verticalement sur C^v et sur LT (n° 20, 2°), donc à leur intersection en a^v et en b, les points a et b seront sur C^h et sur des perpendiculaires à LT élevées par les points a^v et b^v; mais ces perpendiculaires rencontrent généralement la courbe C^h en plusieurs points, qui peuvent indifféremment être pris pour les traces de la courbe C, à moins que par une circonstance quelconque on soit conduit à exclure quelques-uns d'entre eux, comme dans ce cas-ci, par exemple, nous excluons les points α et β qui, évidemment, ne peuvent être les traces de la courbe C. On trouverait de même les traces verticales de la courbe C.

Remarquons qu'une partie de C^h ne correspond à aucune partie de C^v et ne peut pas par conséquent être la projection d'une portion de la courbe C; de même une partie de C^v n'appartient pas à la projection de la courbe C : nous donnerons ailleurs l'explication de cette circonstance.

Les lignes courbes étant représentées de la même manière que les lignes droites, au moyen de deux projections, on doit en conclure que, si deux courbes, C et C', situées dans l'espace, se coupent en un point m, leurs projections C^h, C'^h et C^v, C'^v se couperont respectivement en des points qui seront m^h et m^v projections du point m, et dès lors tels qu'ils pourront (*sur l'épure*) être unis par une même perpendiculaire à la ligne de terre.

Représentation du plan.

27. Par deux droites parallèles, ou qui se coupent, par une droite et un point, par trois points, on peut faire passer un plan et on ne peut en faire passer qu'un ; parmi les droites qui peuvent fixer la position d'un plan dans l'espace, on choisit celles en lesquelles il coupe les plans de projection et que l'on nomme les *traces du plan*. Il est évident que les deux traces d'un plan doivent rencontrer la ligne de terre au même point, qui est le point d'intersection de cette ligne et du plan.

Nous désignerons un plan dans l'espace par une lettre majuscule, et ses traces horizontale et verticale respectivement par les lettres H et V avec la lettre qui désigne le plan, pour indice, ainsi (*fig.* 29) H⁗ et V⁗ sont les traces du plan P.

Lorsqu'un plan sera donné par deux droites nous l'indiquerons par les lettres qui désignent ces droites mises entre parenthèses : ainsi le plan (A, B) signifiera le plan déterminé par les deux droites A et B ; nous dirons de même le plan (A, *a*) pour indiquer le plan déterminé par la droite A et le point *a* ; et enfin le plan (*a*, *b*, *c*) exprimera le plan passant par les trois points *a*, *b* et *c*.

28. Problème 5. *Étant connue la projection horizontale d'une droite située sur un plan donné par ses traces, trouver sa projection verticale* (*fig.* 29). Il est évident que les traces d'une droite située sur un plan se trouvent sur les traces de ce plan, donc la trace horizontale de la droite D sera le point *a*, intersection de H^p et D^h, d'où l'on déduit un point *a*^{v} de D^v. La trace verticale de D se projette horizontalement au point *b*^{h}, intersection de D^h et de LT, et le point lui-même est en *b* sur V^p ; donc on connaît D^v. Si l'on donnait D^v on en conclurait de même D^h.

29. Problème 6. *Étant connue la projection horizontale d'un point situé sur un plan donné par ses traces, trouver sa projection verticale* (*fig.* 29). Si par le point *m* et dans le plan P on conduit une droite D quelconque, D^h passera par *m*^{h}, et l'on en conclura D^v (n° 20) ; puis *m*^{v}, devant se trouver sur D^v et sur une perpendiculaire à LT et abaissée du point *m*^{h}, sera à l'intersection de ces deux droites. Si l'on donnait *m*^{v}, on en conclurait de la même manière *m*^{b}.

Il résulte de là qu'*un plan est complétement déterminé par ses traces.*

30. *Un plan est aussi complétement déterminé par deux droites quelconques, qui se coupent* (*fig.* 30). En effet soit *m*^{h} la projection horizontale d'un point appartenant au plan (A, B) (n° 27) ; par le point *m* et dans le plan (A, B) menons une droite quelconque X ; X^h passera par *m*^{h}, cette droite X rencontrera nécessairement les droites A et B en des points *a* et *b*, dont les projections horizontales sont les points *a*^{h} et *b*^{h}, intersection de X^h avec A^h et B^h ; on en conclut *a*^{v} et *b*^{v} qui font connaître la droite X^v sur laquelle est située la projection verticale *m*^{v} du point *m*, donc ce point est déterminé. Il est évident qu'il en serait de même si les droites A et B étaient parallèles.

31. Problème 7. *Un plan étant donné par deux droites (qui se coupent), en trouver les traces* (*fig.* 31 et 32). Les traces de chacune des droites devant se trouver sur les traces du plan, nous chercherons ces traces (n° 15) et nous aurons deux points *a* et *b* de H^p et deux points *a*′ et *b*′ de V^p ; il faut en outre que ces traces coupent LT au même point, ce qui servira de vérification à l'exactitude des constructions.

Nous dirons à cette occasion que dans tous les problèmes à résoudre, l'élégance des méthodes consiste à se ménager le plus possible des moyens de vérification,

sans toutefois en augmenter le nombre aux dépens de la simplicité des constructions.

32. Si l'on voulait trouver les traces d'un plan donné par une droite D et un
point m, par le point m on mènerait une droite D' parallèle à D, ou la coupant,
et ensuite on chercherait les traces du plan (D, D').

Si le plan était donné par trois points, unissant ces points deux à deux on
obtiendrait trois droites, ou bien on pourrait unir deux points par une droite à
laquelle on mènerait une parallèle par le troisième point. Il sera facile de résoudre
ces diverses questions.

33. *Alphabet du plan.* Un plan peut affecter plusieurs positions dans l'espace.

1° Il peut être oblique par rapport aux deux plans de projection, il y a deux
cas à distinguer (*fig.* 33) suivant que les traces font des angles aigus α et β avec
la même partie de LT, ou avec des parties différentes.

2° Dans les deux cas les angles α et β peuvent être égaux, et dans le dernier
cas les deux traces se confondent (*fig.* 34).

3° Si le plan est perpendiculaire au plan horizontal, sa trace verticale est
aussi perpendiculaire au plan horizontal (*fig.* 35) et par conséquent à la ligne de
terre.

4° Si ce plan était perpendiculaire au plan vertical la trace horizontale serait
perpendiculaire à la ligne de terre (*fig.* 36).

5° Si le plan était perpendiculaire à la ligne de terre, les deux traces se confondraient évidemment en une seule droite perpendiculaire à la ligne de terre
(*fig.* 37).

6° Lorsque le plan est parallèle au plan vertical, sa trace horizontale est parallèle à LT, sa trace verticale n'existe pas ou plutôt elle est située à l'infini; le plan
peut alors affecter deux positions (*fig.* 38).

7° Un plan parallèle au plan horizontal n'a pas de trace horizontale et sa trace
verticale est parallèle à LT ; il peut encore affecter deux positions (*fig.* 39).

8° Le plan peut être parallèle à la ligne de terre, ses traces sont alors toutes deux
parallèles à LT, car s'il en était autrement la ligne de terre rencontrerait le plan.
Suivant que les traces sont situées sur l'une ou sur l'autre des parties de chaque plan
de projection, le plan P peut affecter quatre positions (*fig.* 40).

9° Le plan peut être également incliné par rapport aux deux plans de projection,
ses deux traces sont alors à égale distance de la ligne de terre, et si elles sont du
même côté elles se confondent (*fig.* 41).

10° Un plan passant par la ligne de terre ne peut plus être déterminé par ses
traces, qui ne forment qu'une seule droite ; mais un plan étant déterminé par une
droite et un point, on choisit la ligne de terre et l'on donne en outre un point quel-

conque que nous noterons par la même lettre que le plan. Ce plan peut affecter deux positions (*fig.* 42) suivant qu'il traverse l'angle $\widehat{A, S}$ et son opposé, ou les deux autres angles dièdres.

11° Enfin le plan pourrait être l'un des plans de projection, le point donné devrait alors avoir une de ses projections sur la ligne de terre.

34. De tout ce qui précède nous pouvons conclure qu'un plan est toujours déterminé par une droite et par un point, tandis que ses traces ne sont pas suffisantes dans un cas particulier, celui où il passe par la ligne de terre.

35. Parmi les droites que l'on peut tracer sur un plan, il faut principalement distinguer :

1° Les horizontales du plan ; ce sont des droites situées dans le plan et parallèles au plan horizontal.

2° Les verticales du plan ; ce sont des droites situées sur le plan et parallèles au plan vertical ('').

3° Les lignes de plus grande pente par rapport au plan horizontal ; ce sont des droites perpendiculaires à la trace horizontale de ce plan. En effet par un point m (*fig.* 43) du plan MP menons mo perpendiculaire et mq oblique sur MN, abaissons aussi mp perpendiculaire sur le plan AN et joignant po et pq ; po sera perpendiculaire et pq oblique sur MN, donc $po < pq$, d'où $\dfrac{pm}{po} > \dfrac{pm}{pq}$; or, ces rapports sont ce qu'on nomme les pentes des droites mo et mq tracées sur le plan AN, donc mo est la ligne de plus grande pente du plan AN.

Remarquons que $\dfrac{pm}{po} =$ tang. α, et nous en conclurons que la pente d'une droite ou d'un plan sur un autre plan est exprimée par la tangente trigonométrique de l'angle que fait cette droite ou ce plan avec le second plan.

4° Les lignes de plus grande pente par rapport au plan vertical ; ce sont des perpendiculaires à la trace verticale de ce plan (d'après la démonstration précédente).

36. PROBLÈME 8. *Tracer une horizontale et une verticale d'un plan* (*fig.* 44). Une horizontale D du plan P étant parallèle au plan horizontal, sa projection verticale D^v est parallèle à LT, sa trace verticale doit être sur V^r et sur D^v, donc en b, dont la projection horizontale est b^h; la droite D étant parallèle à H^r, sa projection horizontale D^h doit être aussi parallèle à H^r (n° 20, 2°) et passer par b^h.

Une verticale B du plan P étant parallèle au plan vertical, sa projection horizontale B^h est parallèle à LT, et sa projection verticale B^v est parallèle à V^p.

Les deux droites D et B étant sur le plan P se coupent en un point m ; donc m^h et

---

(•) L'emploi du mot *verticale* dans ce sens n'a pas été accepté ; les parallèles au plan vertical sont appelées *lignes de front.*   E. R.

m^v doivent être sur une même perpendiculaire à LT, ce qui sert à vérifier (*sur l'épure*) l'exactitude des constructions.

37. Problème 9. *Tracer dans un plan donné les lignes de plus grande pente.* La *fig.* 43 prouve que la projection *po* de la ligne de plus grande pente *mo* du plan MP sur le plan AN est perpendiculaire à l'intersection MN de ces plans.

Cela posé, la projection horizontale D^h (*fig.* 45) d'une ligne de plus grande pente par rapport au plan horizontal doit être perpendiculaire à H^r, on en déduit D^v (n° 28). De même la projection verticale K^v d'une ligne de plus grande pente par rapport au plan vertical est perpendiculaire à V^r, et l'on en déduit la projection horizontale K^h.

Les deux droites D et K situées sur le plan P se coupent en un point *m*; donc m^h et m^v doivent être sur une même perpendiculaire à LT.

38. On voit par là qu'une ligne de plus grande pente d'un plan suffit pour le déterminer complétement, puisqu'on peut par son moyen obtenir tant d'horizontales (si la ligne de plus grande pente est donnée par rapport au plan horizontal) ou de verticales (si c'est la ligne de plus grande pente par rapport au plan vertical de projection qui est donnée), que l'on veut, de ce plan ; on connaît dès lors deux droites qui se coupent et sont situées dans ce plan, le plan est donc bien fixé de position dans l'espace par rapport aux deux plans de projection.

39. Problème 10. *Par un point donné mener un plan parallèle à un plan donné.*

Deux plans parallèles ont évidemment leurs traces de même nom parallèles; de plus nous savons que si deux plans P et Q sont parallèles, que par un point quelconque *m* du plan Q on mène une parallèle à une droite située dans le plan P, elle est tout entière contenue dans le plan Q.

Cela posé, dans le plan P donné (*fig.* 46) conduisons une droite quelconque D, puis par le point *m* menons la droite K parallèle à D ; elle est située dans le plan cherché Q, donc sa trace horizontale *a* est un point de H^q et sa trace verticale *b* est un point de V^q ; d'ailleurs ses traces doivent être respectivement parallèles à H^p et V^p, elles sont donc connues, et de plus, comme vérification, elles doivent se couper sur LT.

On peut se dispenser de mener la droite D, car par le point donné *m*, si l'on fait passer une horizontale K (*fig.* 47) du plan Q, K^h sera parallèle à H^q et par conséquent à H^p, et K^v sera parallèle à LT ; puis la trace verticale *b* de cette droite sera un point de V^q qui doit être parallèle à V^p ; cette trace rencontre LT en un point *q*, par lequel on mènera H^q parallèle à H^p. Au lieu d'une horizontale, on pourrait employer une verticale du plan, et l'on trouverait ainsi directement un point de H^q.

40. Si le plan P n'est pas donné par ces traces, mais par deux droites qui se coupent, il suffira évidemment de mener par le point donné deux droites respectivement parallèles aux deux droites données, elles détermineront le plan cherché.

Si le plan **P** était donné par deux droites parallèles, par une droite et par un point, ou par trois points, on se ramènerait d'abord à l'un des deux cas précédents en construisant les traces du plan donné (n°ˢ 31 et 32), ou deux droites situées dans ce plan et se coupant, et l'on déterminerait alors le plan Q comme ci-dessus (n° 39).

41. Arrêtons-nous un instant sur les figures précédentes afin de montrer les avantages de la notation adoptée dans ce cours. La *fig.* 18 est exactement reproduite dans le premier cas de la *fig.* 33, la notation seule rappelle qu'il s'agit dans la première (*fig.* 18) d'une droite rencontrant la ligne de terre et dans l'autre (*fig.* 33) d'un plan quelconque; la notation (˙) par lettres accentuées sur le plan vertical ne serait pas encore suffisante puisqu'elle s'applique également aux plans et aux droites. Les premier et troisième cas des figures 11 et 40 ne diffèrent aussi que par la notation. La figure 12 est identiquement reproduite dans les figures 38 et 36. Dans la figure 14 la notation seule peut indiquer qu'il s'agit de droites dont les projections se confondent et non de droites tracées sur la partie postérieure du plan vertical (*fig.* 12), ou encore de plans parallèles au plan vertical (*fig.* 38) ou au plan horizontal (*fig.* 39). Sans la notation employée dans la figure 41, on ne reconnaîtrait pas des plans parallèles à la ligne de terre et dont les traces se confondent, mais bien plutôt des plans parallèles au plan horizontal (*fig.* 39) ou au plan vertical (*fig.* 38). Enfin la figure 42 ne présenterait que les projections d'un point, et ne pourrait pas rappeler un plan passant par la ligne de terre. Il est essentiel de remarquer que la ponctuation des lignes ne peut pas suppléer à l'insuffisance des autres notations dans les exemples que je viens de citer; ils sont donc très-propres à prouver l'utilité de la notation que j'emploie depuis vingt-trois ans dans mes leçons.

En résumé :

1° Un point de l'espace peut occuper *treize* positions par rapport aux deux plans de projection, en y comprenant les quatre positions où il est également distant de ces deux plans.

2° Une droite de l'espace peut occuper *trente-neuf* positions par rapport aux deux plans de projection en y comprenant celles où elle se trouve située dans l'un des deux plans bissecteurs et celles où elle est perpendiculaire à l'un de ces deux plans bissecteurs, ainsi qu'il suit :

4 Positions où la droite coupe les plans de projection d'une manière arbitraire.

4 Positions où elle est perpendiculaire à l'un des plans bissecteurs.

6 Positions où elle est parallèle à l'un des plans de projection et oblique à l'autre.

6 Positions où elle est perpendiculaire à l'un des plans de projection.

6 Positions où elle est parallèle à la ligne de terre et à une distance arbitraire des deux plans de projection.

5 Positions où étant parallèle à la ligne de terre elle est située dans l'un des plans bissecteurs.

2 Positions où coupant la ligne de terre elle fait un angle aigu avec elle.

2 Positions où elle est située dans un plan bissecteur.

2 Positions où coupant la ligne de terre elle lui est perpendiculaire.

2 Positions où elle est située dans un plan bissecteur.

3° Un plan de l'espace peut occuper *vingt et une* positions par rapport aux deux plans de projection en y comprenant celles où il est perpendiculaire à l'un des deux plans bissecteurs et celles où il n'est autre que l'un de ces deux plans bissecteurs, ainsi qu'il suit :

2 Positions où le plan coupe les deux plans de projection et la ligne de terre.

4 Positions où il est parallèle à l'un des plans de projection.

2 Positions où il est perpendiculaire à l'un des plans de projection et oblique par rapport à l'autre plan de projection.

2 Positions où il passe par la ligne de terre.

2 Positions où il n'est autre que l'un des deux plans bissecteurs.

4 Positions où il est parallèle à la ligne de terre et oblique aux plans de projection.

4 Positions où il est parallèle à la ligne de terre et perpendiculaire à l'un des plans bissecteurs.

1 Position où il est perpendiculaire à la ligne de terre.

CHAPITRE II.

PROBLÈMES FONDAMENTAUX DE LA GÉOMÉTRIE DESCRIPTIVE.

(Changement des plans de projection et rotation des figures autour d'un axe.)

42. Lorsque l'équation d'une ligne ou d'une surface est trop compliquée, on cherche, en *analyse*, à la simplifier en rapportant la courbe ou la surface à de nouveaux axes choisis de manière à faire disparaître certains termes, comme par exemple les rectangles des coordonnées et les termes du premier degré dans les équations des courbes ou des surfaces du second ordre. Dans la Géométrie descriptive, une figure tracée sur les plans de projection peut être très-compliquée, et parmi les lignes qui la composent, quelques-unes sont une conséquence nécessaire de la nature de la question, on ne peut pas s'en débarrasser ; d'autres peuvent provenir de la position des plans de projection par rapport à la figure de l'espace qu'on veut représenter ; ces dernières disparaîtront par un choix convenable de plans de projection ; on peut aussi conserver les mêmes plans de projection et changer la position de la figure par rapport à ces plans ; cette dernière opération s'effectue toujours en faisant tourner la figure autour d'un axe. Nous aurons donc à résoudre les deux problèmes suivants :

1° Connaissant les projections d'une figure de l'espace sur deux plans rectangulaires entre eux, trouver la projection de cette figure sur un troisième plan perpendiculaire à l'un des deux premiers ;

2° Connaissant les projections d'une figure de l'espace sur deux plans rectangulaires entre eux, trouver les projections de cette figure sur les mêmes plans après l'avoir fait tourner autour d'un axe fixe d'une quantité angulaire donnée. Chacun de ces problèmes se subdivise en plusieurs cas dont l'étude détaillée sera l'objet de ce chapitre.

43. Avant d'entrer en matière nous préviendrons que toute ligne de terre sera représentée par les lettres **LT**, avec ou sans accent, ces lettres L et T étant placées

de telle manière qu'en se supposant au-dessus du plan horizontal et en face du plan vertical, on ait la lettre L à gauche et la lettre T à droite ; de sorte que la position respective de ces lettres indique la partie de la feuille de dessin où l'on doit chercher les *régions* de chacun des deux plans de projection. Les projections des points ou des lignes sur les nouveaux plans de projection seront encore marquées par l'indice v ou h portant le même nombre d'accents que les lettres L et T de la nouvelle ligne de terre, pour marquer que c'est le même point ou la même ligne, mais rapportées à un nouveau plan vertical, on a un nouveau plan horizontal. De même les nouvelles traces des plans seront marquées par les lettres V ou H affectées du même nombre d'accents. Quelquefois aussi, surtout dans les questions d'application, on ne met aucune lettre à la ligne de terre, mais on l'ébarbe du côté de la partie antérieure du plan horizontal.

44. Problème 1. *Changer de plan vertical par rapport à un point* (*fig.* 48). Soient m^h et m^v les projections d'un point m sur deux plans caractérisés par la ligne de terre LT, supposons qu'on cherche sa projection sur un autre plan vertical L'T'. La position des lettres montre que la partie supérieure de ce plan vertical est rabattue vers la gauche du dessin, et la partie inférieure vers la droite. Puisque le plan horizontal n'est pas changé, la projection m^h ne change pas et le point m conserve la même hauteur au-dessus de ce plan ; donc sa nouvelle projection verticale $m^{v'}$ doit se trouver avec m^h sur une même perpendiculaire à L'T' (n° 8), sur la partie supérieure du nouveau plan vertical (n° 10, 1°) et à une distance $o'm^{v'}$ de L'T' égale à la distance om^v du point m au plan horizontal (n° 5, 1°).

On peut écrire cette relation sur la figure en menant, par le point i intersection de LT et L'T', les droites perpendiculaires, savoir : il à LT et ik à L'T' ; puis l'on tracera la droite $m^v l$ parallèle à oi, l'arc lk décrit du centre i, et la droite $km^{v'}$ parallèle à io'. Il est évident par ces constructions que l'on a : $om^v = il = ik = o'm^{v'}$.

45. Problème 2. *Changer de plan horizontal par rapport à un point* (*fig.* 48). Ce problème ne diffère en rien du précédent, si ce n'est que l'on doit faire, par rapport au plan horizontal, les opérations qui ont été faites par rapport au plan vertical. Si l'on voulait changer à la fois les deux plans de projection il faudrait effectuer ces opérations successivement, c'est pourquoi nous supposerons qu'après avoir changé comme ci-dessus, de plan vertical, on se propose de changer de plan horizontal ; soit L''T'' la nouvelle ligne de terre, de sorte que la partie antérieure de ce nouveau plan soit située au-dessous et la partie postérieure au-dessus de L''T''. Puisque le plan vertical reste le même, le point ou projection $m^{v'}$ ne change pas et le point m de l'espace demeure toujours en avant du plan vertical défini de position dans l'espace par la ligne de terre L'T' et à la même distance de ce plan vertical ; donc la nouvelle projection horizontale $m^{h''}$ doit se trouver avec $m_{,}'$ sur une même perpendiculaire à $L''T''$ (n° 8), au-dessous de cette ligne de terre (n° 10, 1°) et à une distance $o''m^{h'}=o'm_h$ (n° 5, 2°). On écrira cette égalité *graphiquement* par des constructions analogues aux précédentes, desquelles on conclut :

$$o'm^h=i'l'=i'k'=o''m^{h''}.$$

Par des changements successifs de plans horizontal et vertical, on pourra rapporter un point à deux plans rectangulaires quelconques, dont l'un sera toujours dit horizontal quelle que soit sa direction, et l'autre vertical quelle que soit aussi sa direction dans l'espace, par rapport aux deux plans primitifs de projection.

46. PROBLÈME 3. *Changer de plans de projection par rapport à une droite.* On peut résoudre relativement à une droite les mêmes problèmes que nous venons de résoudre par rapport à un point ; car une droite étant déterminée par deux points, il suffira de trouver les projections de deux de ses points sur les nouveaux plans. Soit $L'T'$ (*fig.* 49) la trace d'un nouveau plan vertical, la position des lettres sur cette nouvelle ligne de terre montre que la partie supérieure est rabattue à droite, et la partie inférieure à gauche de la feuille de dessin (n° 43) ; prenant donc sur la droite D deux points quelconques m et n, leurs projections horizontales ne changeront pas, et comme ces points sont au-dessus du plan horizontal, les nouvelles projections verticales devront se trouver à gauche de $L'T'$ et à des distances $o'm^{v'}=om^v$ et $p'n^{v'}=pn^v$ (n° 44). La trace horizontale a de D ne change pas ; donc si l'on a bien opéré, la droite $aa^{v'}$ doit être perpendiculaire à la nouvelle ligne de terre $L'T'$. On aurait pu choisir ce point a et un autre point quelconque, pour trouver la nouvelle projection $D^{v'}$ de la droite D.

Remarquons encore, à l'occasion de ce problème, l'avantage de la nouvelle notation adoptée dans ce cours, car n'est-il pas évident que par son moyen on peut lire sur la figure non-seulement la signification de chaque ligne, sa position et sa direction dans l'espace, mais encore le sens du rabattement des p'ans qui situés dans l'espace ne coïncident avec la feuille du dessin et ne coïncident qu'après avoir effectué (par la pensée) ce rabattement. Observons encore que les accents des lettres h et v, analogues à ceux de la ligne de terre correspondante, montrent au premier coup d'œil, par quels changements successifs de plans de projection, on a fait passer les projections de la figure de l'espace, ce que l'on n'obtiendrait pas par la notation ancienne, c'est-à-dire : *par lettres accentuées*, à moins de compliquer extrêmement cette notation.

Il serait maintenant très-facile de trouver la projection de la droite D sur un nouveau plan horizontal, c'est-à-dire, sur un plan perpendiculaire au plan vertical $L'T'$. Pour ne pas surcharger la figure, nous ne ferons pas ici cette recherche.

47. Problème 4. *Changer de plans de projection par rapport à un plan (fig. 50).* Nous considérerons le plan comme étant donné par ses traces H^r, V^r, et nous chercherons ses traces sur les nouveaux plans de projection. Proposons-nous de trouver la trace du plan P sur un nouveau plan vertical L'T'. La trace horizontale H^r ne changeant pas, le point o', où elle rencontre la nouvelle ligne de terre L'T', sera déjà un point de la nouvelle trace verticale cherchée (n° 27); si l'on prenait sur le plan P une droite quelconque, le point où elle rencontrerait le nouveau plan vertical de projection en serait un second point (n° 28), et par conséquent le problème serait résolu. Pour plus de simplicité, on choisit une horizontale K, parce qu'alors tous ses points sont à la même distance $b^h b$ du plan horizontal qui ne varie pas; donc en prolongeant K^h jusqu'à L'T' en b^h, élevant par ce point b^h une perpendiculaire à L'T' et prenant sur cette perpendiculaire une longueur $b'^h b' = b^h b$, on aura en b' la nouvelle trace verticale de l'horizontale K du plan P (n° 15), et par conséquent en V'^{r} (droite qui unit les points o' et b') la nouvelle trace verticale du plan P. Remarquons qu'il était inutile d'écrire la projection verticale de la droite K, puisqu'il suffisait d'en déterminer le point b, qui seul nous a servi.

Parmi toutes les horizontales du plan P, il vaut mieux, quand on le peut, employer celle A dont la projection A^h passe par le point d'intersection de LT et L'T'. Le point a appartenant à la fois aux deux plans verticaux, nous le soulignons sur le plan L'T'. S'il arrivait que la trace horizontale H^r ne rencontrât pas la nouvelle ligne de terre L'T' dans les limites du dessin, sans pourtant lui être parallèle, on ne connaîtrait pas le point o'; il faudrait alors trouver directement deux points de la trace verticale V'^{r} par la considération de deux horizontales du plan P. Et si dans ce cas la trace verticale sortait tout entière des limites du dessin, on prendrait sur le plan P deux droites, dont on pût trouver les nouvelles projections verticales, et le plan serait suffisamment déterminé par ces deux droites (n° 27).

Pour changer de plan horizontal, il faut opérer d'une manière semblable en employant une ou deux verticales du plan donné, suivant que la trace verticale de ce plan rencontre ou ne rencontre pas la nouvelle ligne de terre dans les limites du dessin, sans pourtant lui être parallèle.

48. Problème 5. *Connaissant les projections d'un point sur deux plans rectangulaires entre eux, trouver sa projection sur un troisième plan quelconque (fig. 51).* Le plan P, n'étant perpendiculaire ni au plan horizontal, ni au plan vertical, ne peut pas être considéré comme un nouveau plan vertical ou horizontal de projection. mais si nous voulons le prendre comme plan horizontal de projection, nous devons d'abord changer de plan vertical et choisir ce nouveau plan de manière à ce qu'il soit perpendiculaire au plan P; pour cela il faut que H^r soit perpendiculaire à la nouvelle ligne de terre L'T' ; nous tracerons donc sur le plan horizontal de projection (et ainsi sur l'épure) une droite L'T' perpendiculaire à H^r, et elle définira la position du nouveau plan vertical de projection (n° 33, 4°) ; nous chercherons la trace du plan P (n° 47) et la projection du point m (n° 44) sur ce nouveau plan vertical ; puis prenant le plan P pour nouveau plan horizontal de projection, la nouvelle ligne de terre L"T" ne sera autre que V'^r et nous trouverons $m^{h''}$ (n° 45) qui sera la projection du point m sur le plan P.

On pourrait se proposer, considérant ce point $m^{h''}$ comme étant un point du plan P, d'en trouver les projections sur les plans primitifs caractérisés par la ligne de terre LT. Pour cela nous nommerons ce point n (au lieu de le désigner par $m^{h''}$); comme il est situé sur le plan horizontal L"T", sa projection verticale doit être sur la ligne de terre en $n^{v'}$. Passant ensuite du système de plans qui se coupent suivant la ligne de terre L"T" au système caractérisé par la ligne de terre L'T', la projection $n^{v'}$ ne changera pas et la nouvelle projection horizontale sera en n^h sur une perpendiculaire à L'T' abaissée de $n^{v'}$ et à une distance $i'n^h = n^{v'}n = b'^h m^h$. Enfin nous passerons au système de plans caractérisés par la ligne de terre LT en changeant de plan vertical, et nous trouverons la projection n^v sur une perpendiculaire à LT abaissée du point n^h et à une distance $in^v = i'n^{v'}$.

49. Remarquons que la droite $m^h n^h$ étant parallèle à L'T', est perpendiculaire à H^r; or la droite mn dans l'espace est perpendiculaire au plan P et $m^h n^h$ en est la projection horizontale. Au lieu de considérer le plan P comme un nouveau plan horizontal de projection, on aurait pu le considérer comme un nouveau plan vertical de projection; il aurait alors fallu changer d'abord de plan horizontal et choisir L'T' perpendiculaire à V^r, puis H'^r aurait été la nouvelle ligne de terre L"T"; et en cherchant de même les projections du point $m^{v''}$ considéré comme un point n du plan P, on aurait trouvé d'abord n^v situé avec m^v sur une perpendiculaire à V^r; or $m^v n^v$ est la projection verticale de la perpendiculaire mn au plan P. Il résulte donc de ce problème que *les projections d'une perpendiculaire à un plan sont respectivement perpendiculaires aux traces de même nom du plan*. Mais nous démontrerons directement ce théorème par la suite.

50. PROBLÈME 6. *Ramener une droite à être parallèle à l'un des plans de projection* (*) (fig. 52). Pour que la droite D soit parallèle au plan vertical, il faut que D^h soit parallèle à la ligne de terre (n° 17, 3°), il suffira donc de prendre L'T' parallèle à D^h et de chercher la projection $D^{v'}$ de la droite D sur ce nouveau plan vertical

---

(*) En réalité la question traitée ici est la suivante : *Prendre un plan de projection parallèle à une droite donnée*. Le problème qui consiste à *amener une droite à être parallèle à l'un des plans de projection* est résolu plus loin (n° 61).　　　　　　　　　　　　　　　E. R.

(n° 46). Si l'on voulait rendre la droite parallèle au plan horizontal, il faudrait changer de plan horizontal et prendre L'T' parallèle à D^v (n° 17, 2°).

51. PROBLÈME 7. *Ramener une droite à être perpendiculaire à l'un des plans de projection* (*fig.* 52). Si la droite D était parallèle au plan vertical, tout plan perpendiculaire à cette droite serait en même temps perpendiculaire au plan vertical, et pourrait être choisi pour nouveau plan horizontal de projection combiné avec le plan vertical. Si la droite D était parallèle au plan horizontal, tout plan perpendiculaire à cette droite serait perpendiculaire au plan horizontal et pourrait être considéré comme un nouveau plan vertical de projection combiné avec le plan horizontal. Mais lorsque la droite D n'est parallèle à aucun des plans de projection, un plan perpendiculaire à cette droite n'est perpendiculaire ni au plan horizontal, ni au plan vertical, et ne peut par conséquent être pris ni comme nouveau plan vertical, ni comme nouveau plan horizontal de projection combiné avec l'un des plans primitifs ; c'est pourquoi, pour résoudre le problème actuel, il faut commencer par rendre la droite donnée parallèle à l'un des plans de projection (n° 50).

Si, par exemple, on veut ramener la droite D à être perpendiculaire au plan horizontal, on la rendra d'abord parallèle au plan vertical, puis on changera de plan horizontal en remarquant que si la droite D est perpendiculaire au plan horizontal, sa projection verticale est perpendiculaire à la ligne de terre (n° 17, 5°) ; nous prendrons donc L''T'' perpendiculaire à $D^{v'}$, et la projection horizontale sera un seul point situé sur le prolongement de $D^{v'}$ en avant de L''T'', et à une distance $a^v D^{h''} = aa^{v'}$, distance d'un point quelconque de la droite D au plan vertical.

52. PROBLÈME 8. *Rendre un plan perpendiculaire à l'un des plans de projection.* Ce problème a été résolu accidentellement (n° 48) ; nous avons vu que pour rendre le plan P perpendiculaire au plan vertical, il faut changer de plan vertical de projection et prendre la nouvelle ligne de terre perpendiculaire à H^p, et pour rendre le plan P perpendiculaire au plan horizontal, il faut changer le plan horizontal de projection et prendre la nouvelle ligne de terre perpendiculaire à V^p.

53. PROBLÈME 9. *Rendre un plan perpendiculaire à la ligne de terre.* Le plan doit être perpendiculaire à la fois au plan horizontal et au plan vertical ; nous changerons d'abord de plan vertical, en prenant L'T' perpendiculaire à H^p, et nous en conclurons V^p (n° 47) ; puis nous changerons de plan horizontal, en prenant L''T'' perpendiculaire à V'^p, le plan restera toujours perpendiculaire au plan vertical précédent, et sera en outre perpendiculaire au nouveau plan horizontal ; il sera donc perpendiculaire à leur intersection, ou à la nouvelle ligne de terre.

54. PROBLÈME 10. *Rendre un plan parallèle à la ligne de terre* (*fig.* 53). Un plan parallèle à la ligne de terre a ses deux traces parallèles à cette ligne (n° 33, 8°) ; si donc nous voulons résoudre le problème par un changement de plan vertical, il faudra prendre L'T' parallèle à H^p ; puis pour obtenir un point de V'^p, on pour-

rait, dans le plan P, construire une droite quelconque et chercher son intersection avec le nouveau plan vertical, mais on y parvient plus simplement comme il suit : les deux plans verticaux et le plan P ont en commun un point a dont la projection horizontale est évidemment a^h, intersection des deux lignes de terre LT et L'T' ; ce point, rapporté au plan vertical LT, est en a sur V^r ; rapporté au plan vertical L'T', il est sur une perpendiculaire à L'T' et à une distance $a^h \underline{a} = a^h$, et le point $\underline{a}$ est un point de V'^r.

Si l'on voulait résoudre le problème par un changement de plan horizontal, il faudrait prendre la nouvelle ligne de terre parallèle à V^r, et l'on trouverait d'une manière analogue un point de la nouvelle trace horizontale.

55. Problème 11. *Rendre un plan parallèle à l'un des plans de projection*. Un plan parallèle à l'un des plans de projection est nécessairement perpendiculaire à l'autre ; donc pour résoudre le problème actuel, il faut commencer par rendre le plan donné perpendiculaire à l'un des plans de projection (n° 52), puis on le rendra parallèle à l'autre plan. Si, par exemple, on veut que le plan donné P soit parallèle au plan vertical, on le rendra d'abord perpendiculaire au plan horizontal, puis on changera de plan vertical, en prenant la nouvelle ligne de terre parallèle à H' (n° 33, 6'). Si au contraire on veut rendre le plan P parallèle au plan horizontal, on le rendra d'abord perpendiculaire au plan vertical, puis on changera de plan horizontal en prenant la nouvelle ligne de terre parallèle à V'^r (n° 33, 7°). Il est évident que dans le second changement de plan, il n'y a pas de trace du plan à chercher.

Il faut bien comprendre que, lorsque sur l'épure on trace une nouvelle ligne de terre L'T', elle est l'intersection du plan horizontal qui ne change pas et du nouveau plan vertical de projection, ou l'intersection du plan vertical qui ne change pas et du nouveau plan horizontal de projection, suivant que l'on veut effectuer un changement de plan vertical de projection ou un changement de plan horizontal de projection.

56. Avant de résoudre le problème de la rotation des figures autour d'un axe, nous ferons connaître trois principes évidents, et qui nous seront d'une grande utilité :

1° Toute figure contenue dans un plan parallèle à l'un des plans de projection, se projette sur ce plan suivant une figure identique. En effet, en abaissant des extrémités d'une droite des perpendiculaires sur le plan de projection, on forme un parallélogramme rectangle, dont la projection de la droite et la droite projetée sont deux côtés opposés, et dès lors parallèles et égaux en longueur ; et cela a lieu que la figure soit limitée par des lignes droites finies ou infiniment petites.

2° Toute figure contenue dans un plan P perpendiculaire à l'un des plans de projection, se projette sur ce plan de projection suivant la trace du plan P qui la contient ; car les perpendiculaires abaissées de chaque point de la figure ne sortent pas de ce plan P.

3° Quand une figure tourne autour d'un axe, sa projection sur un plan perpendiculaire à cet axe tourne autour du pied de l'axe sur ce plan, en restant identique à elle-même, tandis que sa projection sur tout autre plan change de forme à chaque instant du mouvement.

Cela posé, la rotation d'une figure peut se faire autour d'un axe perpendiculaire ou parallèle à l'un des plans de projection, ou dirigé d'une manière quelconque. Après la rotation, les différentes parties de la figure ayant changé de position dans l'espace, c'est, à proprement parler, une autre figure identique à la première dont nous cherchons les projections ; c'est pourquoi dans ce cas nous accentuons les lettres caractéristiques des points, des lignes et des plans, et non plus les indices, qui se rapportent toujours aux mêmes plans de projection.

57. PROBLÈME 12. *Faire tourner un point d'un angle donné autour d'un axe vertical et trouver ses projections dans sa nouvelle position (fig. 54).* Soient donnés un point m et un axe vertical A ; si du point m on abaisse une perpendiculaire R sur l'axe, elle sera horizontale, et par conséquent se projettera horizontalement en R^h dans sa véritable grandeur (n° 56, 1°), et sa projection verticale R^v sera parallèle à LT (n° 17, 2°). Si l'on imprime un mouvement de rotation au système et autour de l'axe A, la perpendiculaire R restera toujours perpendiculaire à cet axe A et ne changera pas de longueur ; elle décrira donc un cercle C dans un plan perpendiculaire à A, ou, en d'autres termes, dans un plan horizontal, et dont le centre sera sur l'axe A ; sa projection horizontale C^h sera un cercle identique dont le centre est en A et dont le rayon sera égal à R^h, sa projection verticale C^v est une droite parallèle à LT. Le point m ne sortant pas de cette circonférence C pendant son mouvement de rotation, lorsqu'il sera venu prendre dans l'espace la position m', ses projections m'^h et m'^v seront respectivement sur C^h et C^v. Si l'on suppose que le point m tourne autour de l'axe A d'un angle α et dans le sens de la flèche F', le rayon R sera venu dans une position R' faisant avec R un angle égal à α ; les projections horizontales R^h et R'^h devront faire entre elles le même angle α, puisque les droites R et R' sont horizontales ; dès lors il suffira de mener R'^h faisant avec R^h l'angle α ; le point en lequel cette droite R'^h rencontrera C^h sera la projection horizontale m'^h du point m après la rotation ; sa projection verticale devant se trouver sur la projection verticale du cercle C sera en m'^v sur C^v. Si la rotation avait lieu en sens contraire, comme l'indique la flèche F″, le rayon R serait venu en R″ et le point m en $m″$.

58. PROBLÈME 14. *Faire tourner un point d'un angle donné autour d'un axe per-*

pendiculaire au plan vertical (*fig.* 55). Ce problème ne diffère en rien du précédent, seulement le cercle C décrit par le point *m* est dans un plan parallèle au plan vertical, de sorte que l'angle donné α doit être formé par les projections verticales R^v et R'^v des rayons (de ce cercle C) passant par les points *m* et *m'*

59. Problème 14. *Faire tourner une droite d'un angle donné autour d'un axe vertical ou perpendiculaire au plan vertical.* La droite donnée peut occuper trois positions distinctes par rapport à l'axe :

1° Elle peut lui être parallèle, elle décrit alors une surface cylindrique à base circulaire, comme on l'a vu en géométrie élémentaire ;

2° Elle peut couper l'axe en un point, elle décrit alors une surface conique à base circulaire, comme l'apprend également la géométrie élémentaire ;

3° Enfin elle peut n'être pas située dans un même plan avec l'axe ; dans ce cas elle décrit une surface que nous étudierons plus tard sous le nom d'*hyperboloïde de révolution à une nappe.*

Premier cas. Soient l'axe vertical A (*fig.* 56) et la droite D parallèle à cet axe, et par conséquent verticale ; tous les points de la droite D tournant autour de A conserveront la même distance à cet axe, donc D et A seront toujours parallèles ; la trace horizontale de la droite D décrira l'angle α, et par suite la droite D viendra en D'.

Deuxième cas. Soient l'axe vertical A (*fig.* 57) et la droite D qui coupe cet axe au point *m* ; quand on aura fait tourner la droite D d'un angle α autour de l'axe A, elle ne cessera pas de passer par le point *m* ; il suffit donc pour connaître entièrement la nouvelle position D' de la droite D, de fixer celle que prendra un autre quelconque des points de la droite D ; la question est donc ramenée à faire tourner autour de l'axe A un point de la droite D. Parmi tous les points de cette droite, on choisit de préférence sa trace horizontale *a*, quand elle se trouve dans les limites du dessin, parce que le cercle C qu'elle décrit est situé dans le plan horizontal, et par suite sa projection verticale C^v n'est autre que la ligne de terre ; le point *a* viendra en *a'* dont la projection verticale *a'^{v}* sera sur LT, joignant ce point *a'* avec le point *m*, on a la droite D'. La trace verticale *b* sort, pendant le mouvement, du plan vertical, et la nouvelle trace verticale de la droite D' (qui est le point *c'*) n'est pas la position qu'est venu prendre le point *b*, trace de la droite D, après que D est venu en D' ; c'est pourquoi nous désignons la trace verticale de D', non par *b'*, mais par une autre lettre, et ainsi par *c'*.

Troisième cas. Soient l'axe vertical A (*fig.* 58) et la droite D, qui n'est pas située dans un même plan avec l'axe A. Pour connaître la position que prendra la droite D après avoir tourné d'un angle α autour de l'axe A, il suffit évidemment de déterminer les nouvelles positions de deux points de cette droite ; prenons donc deux points *m* et *n* sur la droite D, ils décriront pendant la révolution des arcs de cercle C et C' situés dans des plans perpendiculaires à l'axe A, et par conséquent paral—

lèles au plan horizontal, le point *m* viendra en *m′* et le point *n* en *n′*. Après avoir trouvé le point *m′* comme on l'a enseigné ci—dessus (n° 57), pour n'avoir plus à construire l'angle α, on prolonge le rayon mené par *n^h* jusqu'en *r*, on prend l'arc *rs* = l'arc *m^h m′^h*, et cela au moyen des cordes et ainsi par une seule ouverture de compas; on joint *sA^h*, et cette droite va couper le cercle *C′^h* au point *n′^h* d'où l'on conclut ensuite *n′^v*.

On simplifie les constructions en prenant deux points dont les projections horizontales sont à la même distance de *A^h*, car alors les cercles qu'ils décrivent ont la même projection horizontale; si l'on prend, par exemple, les points *a* et *m*, on construira l'un de ces points *m*, comme ci—dessus (n° 57), on prendra ensuite sur le cercle *C″* ou le cercle *C^h*, *aa′* = *m^h m′^h* et l'on aura le point *a′*.

Enfin on peut encore choisir les points d'une manière particulière, qui quelquefois peut seule permettre de résoudre le problème. Abaissons du point *A^h* sur *D^h* une perpendiculaire N, qui la rencontre en *p^h*, projection horizontale d'un point *p* de la droite D ; supposons que le système de la droite D, de la projection horizontale *D^h* et de la normale N, tourne autour de l'axe A de la quantité angulaire α, la normale viendra en N′ faisant avec N l'angle α ; la droite *D^h* pendant la rotation ne cessera pas d'être perpendiculaire à N et d'être la projection horizontale de la droite D dans toutes ses positions (n° 56, 3°); donc en menant *D^h* perpendiculaire à N′ ou tangente au cercle *C′^h*, on aura la projection horizontale *D′^h* de la droite D après la rotation, et l'on a aussi un point *p′^v* de la projection verticale *D′^v* ; si donc on connaissait la direction, ou un second point, de cette projection *D′^v*, on pourrait la construire. On aura le point *a′^v* en ramenant le point *a* en *a′* sur *D′^h*, par un arc de cercle décrit du point *A^h* comme centre. On pourrait évidemment choisir tout autre point que le point *a*.

On résoudrait de la même manière le problème : *faire tourner une droite autour d'un axe perpendiculaire au plan vertical*, seulement les constructions que nous avons effectuées sur le plan horizontal devraient être faites sur le plan vertical, et réciproquement.

60. PROBLÈME 15. *Faire tourner un plan d'un angle donné autour d'un axe vertical.* La nouvelle position du plan P donné sera connue si l'on trouve celles de deux droites quelconques situées sur ce plan. Parmi ces droites, on choisit de préférence deux horizontales, et l'on prend pour l'une d'elles la trace horizontale du plan P, parce que dans le mouvement de rotation de ce plan P, elle ne sort pas du plan horizontal. Abaissant du point *A^h* (*fig.* 59) la perpendiculaire N sur II^r, elle rencontre cette trace au point *p*, qui décrit pendant la rotation un cercle C auquel la trace horizontale II^r demeure toujours tangente, or cette droite N viendra en la position N′ faisant avec N l'angle donné α, le point *p* de la trace II^r viendra

donc en p', et si l'on mène une tangente en p' au cercle C, ce sera la trace horizontale $H^{p'}$ du plan P après la rotation, et le point π' où elle rencontre la ligne de terre appartient à la nouvelle trace verticale du plan P' nouvelle position du plan P. Pour en avoir un second point, nous emploierons une horizontale K du plan P ; pendant la rotation elle conservera la même distance au plan horizontal, et par conséquent sa projection verticale sera toujours sur la même parallèle à LT ; quant à sa projection horizontale, elle restera parallèle à la trace horizontale du plan P pendant la rotation ; or K^h coupe la droite N en un point q qui se porte en q'^h sur N', menant par ce point q'^h la droite K'^h parallèle à $H^{p'}$, ce sera la projection horizontale de l'horizontale K' après la rotation (n° 56, 3.) et le point b' où K' perce le plan vertical est le second point cherché de la trace $V^{p'}$; joignant donc $b'\pi'$, on aura cette trace $V^{p'}$.

Au lieu d'abaisser la perpendiculaire N sur H^p, on aurait pu chercher les nouvelles positions de deux points quelconques de $H^{p'}$, mais les constructions auraient été plus longues, même en choisissant ces deux points à la même distance du point A^h. Nous avons pris une horizontale K quelconque, on aurait simplifié un peu la figure, en prenant celle qui passe par le point où l'axe A perce le plan P, sa projection horizontale aurait alors passé par le point A^h.

Si la trace horizontale $H^{p'}$ ne rencontrait pas la ligne de terre dans les dimensions du dessin, on n'aurait plus le point π' de la trace verticale $V^{p'}$; on serait alors obligé d'employer une seconde droite que l'on choisirait encore de préférence horizontale, et l'on chercherait sa trace verticale après la rotation, ce qui donnerait un point de $V^{p'}$ que l'on joindrait à b, pour avoir cette trace $V^{p'}$.

Enfin, le même problème pourrait se résoudre en prenant un axe perpendiculaire au plan vertical ; ce serait alors des verticales du plan que l'on devrait employer.

61. PROBLÈME 16. *Amener une droite dans une position parallèle à l'un des plans de projection* (fig. 60). Au lieu de faire tourner une droite d'un angle donné, on peut demander de la faire tourner jusqu'à ce qu'elle soit dans une position déterminée par rapport aux plans de projection. Supposons, par exemple, qu'on veuille faire tourner la droite D autour de l'axe vertical A, jusqu'à ce qu'elle soit parallèle au plan vertical ; dans cette position sa projection horizontale sera parallèle à la ligne de terre (n° 17, 3°) ; il suffira donc d'en connaître un point. Il est facile de voir qu'on doit ici employer la dernière considération du n° (59, 3°) ; nous abaissons donc du point A^h une perpendiculaire N sur D^h, qui la rencontrera en p^h projection horizontale d'un point p de la droite D. Si l'on conçoit un système formé de la droite D, de sa projection horizontale D^h, de la verticale abaissée du point p et enfin de la droite N, et qu'on le fasse tourner autour de l'axe A, ces

quatre droites conserveront entre elles les mêmes positions relatives, donc D″ sera perpendiculaire à N′ ou tangente au cercle décrit de A^h comme centre et avec N pour rayon et en même temps elle sera parallèle à LT ; le point p se portera en p′ à la même hauteur au-dessus du plan horizontal, le point a viendra en a′, et par suite D″ sera la projection verticale de la droite D dans sa nouvelle position D′.

Tous les points de la droite D décrivant des arcs de cercles horizontaux, il est facile de conclure de la figure elle-même l'angle α décrit par le rayon N, angle dont par suite doivent tourner les autres parties de la figure, supposées entraînées dans le mouvement de rotation de la droite D.

62. Si l'axe A n'est pas donné d'avance, on le choisira passant par un point de la droite D, parce que alors la figure est plus simple. Remarquons que pour amener la droite D à être parallèle au plan vertical, on est obligé de choisir un axe vertical ; nous avons vu en effet que le problème est alors résoluble. Si au contraire l'axe était perpendiculaire au plan vertical, tous les points de la droite D décriraient des cercles parallèles au plan vertical et conserveraient par conséquent la même distance à ce plan, donc la droite D n'aurait pas après la rotation tous ses points également distants du plan vertical, donc enfin elle ne serait pas parallèle à ce plan. Par une raison semblable on ne pourra amener la droite D dans une position parallèle au plan horizontal que par un mouvement de rotation autour d'un axe perpendiculaire au plan vertical.

63. PROBLÈME 17. *Amener une droite dans une position perpendiculaire à l'un des plans de projection* (fig. 61). Lorsqu'une droite est perpendiculaire à l'un des plans de projection, elle est nécessairement parallèle à l'autre. Or, pour rendre une droite parallèle au plan vertical, on est obligé de la faire tourner autour d'un axe vertical (n° 62), mais dans ce mouvement tous les points de la droite conservent la même distance à l'axe, et par conséquent elle ne pourra jamais devenir parallèle à cet axe; d'un autre côté une droite quelconque tournant autour d'un axe perpendiculaire au plan vertical ne peut jamais devenir parallèle à ce plan, si elle ne l'est pas avant la rotation, donc il sera impossible de rendre une droite verticale par un mouvement simple de rotation autour d'un seul axe. Mais par un premier mouvement autour d'un axe vertical A, nous amènerons la droite D dans la position D′ parallèle au plan vertical (n° 61), puis par un second mouvement de rotation autour d'un axe B perpendiculaire au plan vertical nous l'amènerons dans la position verticale D″; car pendant cette seconde rotation la projection D′ᵛ prendra successivement toutes les positions tangentes au cercle C′ᵛ, et par conséquent il y aura un instant où elle sera perpendiculaire à LT et alors la droite D″ sera verticale (n° 17; 5°).

Pour amener la droite donnée dans une position perpendiculaire au plan vertical, il faudrait d'abord la rendre parallèle au plan horizontal par un mouvement de rotation autour d'un axe perpendiculaire au plan vertical, puis l'amener dans la position demandée par un second mouvement de rotation autour d'un axe vertical.

Remarquons que l'on trouve par la construction les angles α et β dont la droite D a tourné autour de chacun des deux axes, de sorte que si l'on avait d'autres lignes ou d'autres points entraînés pendant ces mouvements de rotation, on devrait les faire tourner de quantités angulaires égales respectivement à α et à β.

64. Problème 18. *Amener un plan dans une position perpendiculaire à l'un des plans de projection* (*fig.* 62). Soient un plan P et un axe vertical A, supposons qu'on demande de faire tourner le plan P autour de l'axe A jusqu'à ce qu'il soit devenu perpendiculaire au plan vertical ; dans sa nouvelle position sa trace horizontale sera perpendiculaire à LT, si donc l'on abaisse du point A^h une perpendiculaire N sur H' qui la rencontre en r, ce point décrira un cercle C auquel la trace horizontale du plan sera toujours tangente ; la normale N deviendra parallèle à LT en N' ou N" suivant que la rotation aura lieu de droite à gauche ou de gauche à droite ; on aura ensuite $H^{p'}$ ou $H^{p''}$ en menant une tangente au cercle C perpendiculairement à LT ; pour avoir la trace verticale, remarquons que l'axe A coupe le plan P en un point m qui ne varie pas pendant la rotation, et dont la projection verticale sera sur la nouvelle trace verticale du plan (n° 56, 2°), si donc nous menons une horizontale K du plan P rencontrant l'axe en m, le point m^v sera un point de la trace verticale $V^{p'}$ ou $V^{p''}$ cherchée, le point p' ou p'' en lequel la trace horizontale $H^{p'}$ ou $H^{p''}$ rencontre LT, en est un second, donc la trace $V^{p'}$ ou $V^{p''}$ est déterminée.

Si l'on avait voulu rendre le plan perpendiculaire au plan horizontal, il aurait fallu le faire tourner autour d'un axe perpendiculaire au plan vertical.

65. Problème 19. *Amener un plan dans une position perpendiculaire à la ligne de terre* (*fig.* 63). Le plan, dans sa nouvelle position, sera perpendiculaire à la fois aux deux plans de projection ; or, nous avons vu (n° 64) qu'on ne peut pas le rendre perpendiculaire au plan horizontal par un seul mouvement de rotation autour d'un axe vertical ; le problème actuel ne pourra donc se résoudre que par deux rotations effectuées, l'une autour d'un axe vertical A pour amener le plan P dans la position P' perpendiculaire au plan vertical de projection, l'autre autour d'un axe B perpendiculaire au plan vertical de projection pour amener le plan P' dans la position P" perpendiculaire au plan horizontal ; et comme pendant ce second mouvement la position du plan P' à l'égard du plan vertical de projection ne change pas (n° 56, 3°), le plan P" sera perpendiculaire à la fois aux deux plans de projection, et par conséquent à la ligne de terre. On simplifiera la figure en faisant passer les deux axes A et B par un même point *m* du plan donné P.

66. Problème 20. *Amener un plan dans une position parallèle à la ligne de terre* (*fig.* 64). On pourra résoudre le problème en faisant tourner le plan P autour d'un axe vertical A, jusqu'à ce que sa trace horizontale soit parallèle à LT (n° 33, 8°) ; puis pour avoir la trace verticale, qui doit aussi être parallèle à LT, il est évident qu'on ne peut plus employer une horizontale du plan, car après la rotation cette droite serait parallèle à LT, et par conséquent ne rencontrerait pas le plan vertical. Mais nous pouvons chercher le point *m* en lequel l'axe A rencontre le plan P, ce point reste invariable ; et si dans le plan P et par ce point *m* on fait passer une droite D, dont nous ne traçons ici que la projection horizontale D^h, elle ne cessera pas de passer par le point *m*, sa trace horizontale *a* viendra en *a'*, et la droite D prendra la position D'; dans laquelle elle a pour trace verticale le point *b'* ; si donc de ce point *b'* on mène une parallèle à LT, ce sera la trace V^r, cherchée. Au lieu de la trace *a*, on peut évidemment employer un autre point quelconque de la droite D.

67. Problème 21. *Amener un plan dans une position parallèle à l'un des plans de projection.* Un plan parallèle au plan vertical est en même temps perpendiculaire au plan horizontal, et sa trace horizontale est parallèle à la ligne de terre. Nous devrons donc rendre d'abord le plan donné P perpendiculaire au plan horizontal par un mouvement de rotation autour d'un axe perpendiculaire au plan vertical (n° 64) : puis, par un second mouvement autour d'un axe vertical, on le rendra parallèle au plan vertical.

De même, pour amener un plan dans une position parallèle au plan horizontal, on le rendra d'abord perpendiculaire au plan vertical, par un mouvement de rotation autour d'un axe vertical ; puis parallèle au plan horizontal par un mouvement de rotation autour d'un axe perpendiculaire au plan vertical.

68. On pourrait, par des mouvements de rotation tout à fait semblables, amener un plan dans une position telle qu'il eût sa trace horizontale, par exemple, parallèle à une droite donnée dans le plan horizontal. On pourrait aussi fixer telle autre condition que l'on voudrait pour limiter le mouvement qui doit être imprimé au plan.

69. Tous les problèmes de géométrie descriptive peuvent se résoudre à l'aide des changements de plans de projection et des mouvements de rotation autour d'un axe perpendiculaire à l'un des plans de projection, ce qui n'est au fond que le même principe.

En effet, changer de plan vertical de projection, par exemple, revient évidemment à faire tourner l'ancien plan vertical autour d'un axe vertical jusqu'à ce qu'il soit venu prendre la position nouvelle qu'on veut lui donner. Toute la différence entre les deux principes fondamentaux que nous venons d'établir consiste donc en ce que dans le premier, c'est l'un des plans de projection que l'on fait tourner autour d'un axe perpendiculaire à l'autre plan jusqu'à ce qu'il soit venu dans une position convenable à l'égard de la figure que l'on veut projeter ; dans le second c'est la figure elle-même que l'on fait tourner autour d'un pareil axe jusqu'à ce qu'elle soit dans une position convenable à l'égard des plans de projection dit *primitifs*, parce qu'on ne les fait pas varier de position ; ils restent *immobiles*. Il résulte de là que les problèmes pourront presque toujours se résoudre par des changements de plans de projection, ou par des mouvements de rotation, ou enfin par ces deux principes combinés. Cependant, nous verrons qu'il est quelquefois plus simple d'employer l'un plutôt que l'autre.

Déjà, dans ce qui précède, on peut voir qu'un plan est amené dans une position parallèle à la ligne de terre plus simplement par un changement de plan que par un mouvement de rotation, puisque la seconde méthode nécessite l'emploi d'une droite dont on n'a pas besoin lorsque l'on se sert de la première méthode. Mais, par un choix convenable des axes, l'emploi des mouvements de rotation est préférable à celui des changements de plans pour amener un plan dans une position perpendiculaire à la ligne de terre. Le problème énoncé au n° **68** ne pourrait évidemment pas se résoudre par des changements de plan.

70. Dans les applications, on est souvent conduit à faire tourner une figure autour d'un axe, qui n'est plus perpendiculaire à l'un des plans *primitifs* de projection, mais ordinairement parallèle et plus souvent encore situé dans l'un de ces plans, c'est encore par la considération des mouvements de rotation autour d'un axe perpendiculaire à un nouveau plan de projection que l'on résout ces problèmes ; aussi est-on alors obligé de faire, au préalable, un changement de plan de projection, ainsi que nous allons le voir.

71. Problème 22. *Faire tourner un point ou une droite d'un angle donné autour d'un axe parallèle à l'un des plans de projection.* Soit, par exemple, un axe horizontal A (*fig.* 65) oblique par rapport au plan vertical, et proposons-nous de faire tourner un point *m* ou une droite D d'un angle donné α autour de cet axe. Le point *m* et tous les points de la droite D décriront des arcs de cercle situés dans des plans perpendiculaires à l'axe A, et par conséquent verticaux, lesquels se projetteraient verticalement suivant des cercles identiques, si le plan vertical (*primitif*) de projection était lui-même perpendiculaire à l'axe A, c'est pourquoi nous changerons d'abord le plan vertical, et nous en choisirons un perpendiculaire à l'axe A. Nous serons ainsi ramenés à faire tourner le point *m* et la droite D autour d'un axe perpendiculaire au plan vertical de projection. Nous avons appris (n°ˢ 58 et 59) à trouver les projections du point *m'* et de la droite D' sur les plans qui se coupent suivant la ligne de terre L'T', mais il faut rapporter ce point et cette droite aux anciens plans de projection ; il suffit évidemment pour cela de mener par m'^h une perpendiculaire à LT et de prendre $om'^v = o'm'^v$; prenant de même $ib'^v = i'b'^v$, nous aurons la projection verticale d'un second point b' de la droite D', qui est par là entièrement déterminée ainsi que le point m'.

72. La première partie du problème consistait à rendre l'axe **A** perpendiculaire à l'un des plans de projection ; il est évident qu'on aurait pu y parvenir par un mouvement de rotation autour d'un axe vertical (n° 63), mais les constructions que nous avons eu à effectuer sont plus simples, comme il est facile de s'en convaincre ; elles répondent aussi plus directement à la question proposée.

Si l'on voulait faire tourner le point ou la droite autour d'un axe parallèle au plan vertical, on remarquerait que les cercles décrits par chaque point sont perpendiculaires à cet axe et par conséquent au plan vertical, de sorte qu'on est conduit à rendre d'abord cet axe vertical en prenant un nouveau plan horizontal qui lui soit perpendiculaire, parce qu'alors tous ces cercles se projetteront sur ce nouveau plan suivant des cercles identiques.

73. PROBLÈME 23. *Faire tourner un plan d'un angle donné autour d'un axe parallèle à l'un des plans de projection.* Soit un axe A (*fig.* 66) parallèle au plan vertical, mais oblique par rapport au plan horizontal, et proposons-nous de trouver les traces du plan P quand il aura tourné d'un angle α autour de l'axe A. Tous les points du plan P décriront pendant le mouvement de rotation des arcs de cercles situés dans des plans perpendiculaires à l'axe A, et qui se projetteraient suivant des cercles identiques si le plan horizontal était perpendiculaire à l'axe A ; c'est pourquoi nous changerons d'abord de plan horizontal pour le prendre perpendiculaire à A, la ligne de terre L'T' doit alors être perpendiculaire à A", la projection horizontale de A sera en un seul point A^h distant de L'T' d'une quantité égale à la distance de A^h à LT. Pour avoir H'^{v} nous prolongerons V^v jusqu'à L'T' en o', puis nous déterminerons un second point b' de H'^{v} par une verticale K du plan P. Cela fait, abaissant du point A^h une perpendiculaire A$^h p$ sur H'^{v} et décrivant un arc de cercle dont le centre est A^h et le rayon A$^h p$; menant la droite A$^h p$ telle qu'elle fasse avec A$^h p$ l'angle donné α ; puis en p' construisant une tangente à l'arc de cercle décrit, nous aurons la trace horizontale H'^{v} du plan dans sa nouvelle position ; on en déduit la trace verticale V^v à l'aide d'une horizontale B du plan P, laquelle fait connaître le point c' de V^v ; enfin on aura un second point de la trace horizontale H'$_t$ du plan P sur l'ancien plan en prolongeant V^v jusqu'à LT, si cela est possible, vu la longueur de la feuille de dessin, ou en déterminant un autre point d' de H'^{v} à l'aide d'une verticale E' du plan P.

Pour faire tourner le plan autour d'un axe parallèle au plan horizontal, il faudrait prendre d'abord un nouveau plan vertical perpendiculaire à cet axe. Au lieu de donner l'angle α, on pourrait se proposer d'amener la droite ou le plan dans une position déterminée par d'autres conditions.

74. PROBLÈME 24. *Faire tourner un point, ou une droite, d'un angle donné autour d'un axe quelconque.* Soient l'axe A (*fig.* 67) donné par ses projections A^h et A^v, le point m donné aussi par ses projections m^h et m^v, et enfin la droite D donnée de même par ses projections D^h et D^v, il faut trouver les projections D'^h et D'^v de la droite D, et celles m'^h et m'^v du point m après qu'ils auront tourné, ensemble, d'un angle α autour de l'axe A. Pendant la rotation, le point m et tous les points de la droite D décriront des arcs de cercle situés dans des plans perpendiculaires à l'axe A, et qui se projetteraient suivant des cercles identiques si l'axe A était perpendiculaire à l'un des plans de projection ; il faut donc se ramener à cet état de choses, en choisissant un nouveau plan de projection perpendiculaire à A ; mais ce plan ne serait perpendiculaire à aucun des plans auxquels la figure est actuellement rapportée, c'est pourquoi nous aurons recours à un double changement de plan.

Nous prendrons d'abord un nouveau plan vertical parallèle à l'axe A, et pour plus de simplicité nous choisirons le plan projetant horizontalement cet axe ; la nouvelle ligne de terre L'T' sera alors la projection A^h elle-même ; les projections horizontales A^h, m^h, D^h ne changeront pas, et les projections verticales sur le nouveau plan de projection défini (ou *fixé de position dans l'espace*) par la nouvelle ligne de terre L'T', seront respectivement en A, m'^v, D'^v (n°^{os} 44 et 46) : nous sommes ainsi ramenés à faire tourner un point m ou une droite D autour d'un axe A parallèle à l'un des plans de projection (problème résolu ci-dessus n° 71). Il faut donc maintenant changer de plan horizontal, en prenant L''T'' perpendiculaire à A, la nouvelle projection horizontale de l'axe A sera en un seul point $A^{h''}$; les projections verticales $m^{v'}$ et $D^{v'}$ ne changeront pas, les projections horizontales correspondantes seront $m^{h''}$ et $D^{h''}$. Enfin, pour faire tourner le point m et la droite D autour de l'axe A, actuellement perpendiculaire au nouveau plan horizontal et qui est défini de position par la ligne de terre L''T'', nous joindrons les points $A^{h''}$ et $m^{h''}$, et avec cette droite $\overline{A^{h''}m^{h''}}$ pour rayon et du point $A^{h''}$ pour centre, nous décrirons un cercle coupant $D^{h''}$ en un second point $q^{h''}$, menant ensuite par le point $A^{h''}$ une droite faisant un angle α avec la droite $A^{h''}m^{h''}$, nous obtiendrons le point $m'^{h''}$, et portant $q^{h''}q'^{h''}=m^{h''}m'^{h''}$, nous aurons un second point de $D'^{h''}$; les projections $m'^{v'}$ et $q'^{v'}$ se trouvent sur des parallèles à L''T'' menée par $m^{v'}$ et $q^{v'}$; nous aurons donc $D'^{v'}$. Il faut maintenant changer de plan horizontal en choisissant L'T' pour ligne de terre, ayant soin de prendre m'^h derrière et q'^h devant cette ligne comme sont disposés $m'^{h''}$ et

$q'^{h''}$, par rapport à L″T″ (n° 43), on obtient ainsi D'^h, puis on en conclut D'^v (n• 45).

75. PROBLÈME 25. *Faire tourner un plan d'un angle donné autour d'un axe quelconque.*
Soient l'axe A *(fig. 68)*, donné par ses projections A_h et A_v, et le plan P donné par ses traces H^p et V^p, il s'agit de faire tourner le plan P d'un angle α autour de l'axe A. Pendant la rotation tous les points du plan P décriront des arcs de cercles situés dans des plans perpendiculaires à l'axe A, et qui ne seront par conséquent ni parallèles ni perpendiculaires à l'un des plans de projection : c'est pourquoi, comme dans le problème précédent, nous changerons d'abord de plan vertical, prenant le nouveau plan parallèle à l'axe A, ou plus simplement passant par l'axe A lui-même ; la ligne de terre L′T′ sera confondue avec A_h, dès lors pour avoir la position de l'axe A sur ce plan, nous chercherons les positions de deux de ses points a et m, et nous aurons A ; la trace H^p du plan ne change pas, nous déterminerons la trace verticale V'^p par une horizontale B du plan P. Changeons maintenant de plan horizontal, en le choisissant perpendiculaire à l'axe A, la ligne de terre L″T″ sera perpendiculaire à A ; la projection horizontale de l'axe A sera en un seul point $A^{h''}$; la trace verticale V'^p ne changera pas, et l'on obtiendra la trace horizontale H'^p à l'aide d'une verticale K du plan P. Il faut enfin faire tourner le plan P donné par ses traces H'_p et V'^p autour de l'axe A actuellement perpendiculaire au nouveau plan horizontal de projection. Pour cela, nous abaissons $A^{h''}p$ perpendiculaire sur H'^p, nous construisons l'angle α, puis décrivant un arc de cercle du centre $A^{h''}$, nous obtiendrons le point p', menant H'^p tangente en ce point p' au cercle C, ce sera la trace horizontale du plan P dans sa nouvelle position ; la trace verticale V'^p rencontre l'axe A en un point n qui est invariable pendant le mouvement de rotation, et qui devra par conséquent appartenir encore à la trace verticale V'^p. Si maintenant nous changeons de plan horizontal, en prenant L′T pour ligne de terre, nous déterminerons la trace horizontale $H^{p'}$ à l'aide d'une verticale R′ du plan P′ ; enfin, changeant encore de plan vertical, en prenant L′T pour ligne de terre, nous trouvons la trace verticale $V_{p'}$ à l'aide d'une horizontale S′ du plan P′.

76. Lorsqu'une figure plane est donnée dans l'espace, il est souvent utile d'en avoir la véritable forme ; pour cela il faut amener le plan qui la contient en une position parallèle à l'un des plans de projection (n° 56, 1°), c'est à quoi l'on parvient par deux méthodes distinctes :

1° En prenant un nouveau plan de projection parallèle au plan de la figure, ou plus simplement encore en considérant ce plan lui-même comme un nouveau plan de projection, mais lorsque ce plan n'est pas déjà perpendiculaire à l'un des plans primitifs de projection, il faut commencer par l'amener dans cette position particulière ;

2° En faisant tourner le plan de la figure autour d'un axe, et l'on choisit ordinairement pour axe l'une de ses traces, cette opération porte alors le nom de *rabattement ;* mais comme ce mouvement a lieu autour d'un axe parallèle à l'un des plans de projection, il nécessite encore deux opérations (n° 73). Donc, en général, pour trouver la véritable forme d'une figure située dans un plan quelconque, il faut effectuer deux opérations, qui ont pour but : la première de rendre le plan de la figure perpendiculaire à l'un des plans de projection ; la seconde de l'amener à se confondre avec l'autre plan de projection, ou tout au moins à lui être parallèle. Chacune de ces opérations peut s'effectuer soit par un changement de plan de projection, soit par un mouvement de rotation, ce qui donne lieu à quatre méthodes pour résoudre le problème actuel :

1° Par deux changements de plans de projection ;

2° Par un changement de plan de projection et un mouvement de rotation ;

3° Par un mouvement de rotation et un changement de plan de projection ;

4° Par deux mouvements de rotation.

Ces questions sont suffisamment résolues par ce qui précède, nous allons d'ailleurs en démontrer directement l'application en résolvant les quatre problèmes suivants, qui nous conduiront aussi à la question réciproque : qui s'énonce ainsi qu'il suit : *étant donnée la position d'un point sur un plan rabattu ou considéré comme plan de projection, trouver ses projections sur deux plans donnés et rectangulaires entre eux.*

77. PROBLÈME 26. *Sur une droite donnée dans un plan, construire un triangle équilatéral (fig. 69).* Soit P le plan (donné par ses traces) sur lequel doit être exécutée la construction demandée, la droite ab est donnée par sa projection horizontale $a^h b^h$, et la condition qu'elle soit dans le plan P fera trouver sa projection verticale $a^v b^v$ (n° 28); ou mieux la droite étant terminée aux points a et b, nous chercherons les projections verticales de ces points (n° 29) en employant pour cela des horizontales du plan P. Cela posé, nous ne pourrons effectuer les constructions demandées qu'après avoir ramené le plan P à se confondre avec l'un des plans de projection ; nous emploierons à cet effet la première méthode (n° 76), c'est-à-dire deux changements de plans de projection. Supposons qu'on veuille prendre le plan P pour plan horizontal de projection, il faut d'abord choisir un nouveau plan vertical perpendiculaire à ce plan P, la ligne de terre L'T' devra donc être perpendiculaire à H^p (n° 33, 4°), et pour obtenir V'^{p} nous nous servirons des horizontales déjà construites pour trouver les points a^v et b^v. Prenant maintenant le plan P pour plan horizontal de projection, son intersection avec le plan vertical, ou V'^{p} deviendra la nouvelle ligne de terre L"T", et les nouvelles projections horizontales des points a

et b, ne seront autres que ces points eux-mêmes, nous les trouverons par les moyens connus (n° 45).

Ayant ainsi obtenu la droite ab, nous construirons le triangle équilatéral demandé. Pour passer ensuite aux projections de ce triangle sur les plans primitifs, nous remarquerons que l'on connaît déjà les projections des deux sommets a et b; il ne reste plus à trouver que celles du sommet c; on y parviendra par des changements de plans inverses des précédents, c'est-à-dire que l'on passera du système L"T" au système L'T' par un changement de plan horizontal, puis de celui-ci au système primitif LT par un changement de plan vertical.

Si nous avions voulu considérer le plan P comme un plan vertical, il eût été convenable de déterminer les points a^v et b^v par des verticales du plan P, lesquelles auraient ensuite servi à trouver H'ᴘ sur le nouveau plan horizontal de projection perpendiculaire au plan P et par lequel il aurait fallu passer, avant de pouvoir considérer ce plan P comme un plan vertical de projection.

78. Pʀᴏʙʟᴇᴍᴇ 27. *Sur une base donnée de longueur* ab *comme homologue du côté* αβ, *construire un triangle* abc *équivalent à un triangle donné* αβγ, *et dont le sommet* c *soit situé sur une droite donnée de position* (fig. 70). Soit P le plan (donné par ses traces) dans lequel doivent être effectuées toutes les constructions. Les droites ab et D situées sur le plan P sont données par une seule projection, nous en conclurons la seconde (n° 28); puis comme nous ne pourrons exécuter les constructions du problème qu'après avoir ramené le plan P à se confondre avec l'un des plans de projection, nous supposerons qu'on veuille le *rabattre* sur le plan horizontal, et nous emploierons à cet effet la seconde méthode (n° 76), c'est-à-dire un changement de plan de projection et un mouvement de rotation.

Pour *rabattre* le plan P sur le plan horizontal, il faut le faire tourner autour de Hᴘ comme axe, et cet axe étant horizontal, nous devrons d'abord le rendre perpendiculaire au plan vertical (n° 73); nous changerons donc de plan vertical de projection, en prenant L'T' perpendiculaire à Hᴘ, et nous chercherons V'ᴘ qui doit contenir à la fois $a^{v'}$, $b^{v'}$, D$^{v'}$ (n° 56, 2°). Rabattant ensuite le plan P sur le plan horizontal, nous remarquerons que le point a, par exemple, décrira un arc de cercle C parallèle au plan vertical défini de position dans l'espace par la ligne de terre L'T', et comme il doit arriver sur le plan horizontal, sa projection verticale sera alors sur la ligne de terre en $a'^{v'}$, et par conséquent le point lui-même se trouvera en a'; on aura de même l'autre point b', et la droite D'. Nous construirons le triangle demandé $a'b'c'$ sur le plan P ainsi rabattu. Pour revenir ensuite aux projections de ce triangle sur les plans primitifs, remarquons que l'on connaît déjà les deux sommets a et b; le troisième étant situé sur la droite D, nous n'aurons qu'à abaisser du point c' une perpendiculaire à Hᴘ, elle coupera Dᴴ au point $c^ᴴ$, d'où l'on conclura c^v, et joignant les projections de ce point c à celles des points a, b, on aura les projections du triangle cherché abc. Si l'on avait voulu rabattre le plan P sur le plan vertical, il aurait fallu d'abord changer de plan horizontal, en prenant la nouvelle ligne de terre perpendiculaire à V^v, puis faire tourner le plan P autour de cette trace verticale. Les constructions seraient d'ailleurs tout à fait semblables à celles que nous venons d'effectuer.

79. PROBLÈME 28. *Inscrire dans une circonférence donnée un pentagone régulier, dont un sommet coïncide avec un point déterminé* (*fig.* 71). Une circonférence de cercle est déterminée par son centre et un point de la circonférence, quand on connaît d'ailleurs le plan dans lequel elle est située. Soit donc P ce plan, donnons les projections horizontales o^h et a^h du centre o et du point a, nous en conclurons les projections verticales o^v et a^v (n° 29), en employant à cet effet des verticales O et A du plan P. Nous ne pourrons ensuite effectuer les constructions demandées qu'après que le plan P sera venu se confondre avec l'un des plans de projection. Pour l'amener dans cette position, nous adopterons la troisième méthode (n° 76), c'est-à-dire un mouvement de rotation et un changement de plan de projection. Si nous voulons prendre le plan P pour un nouveau plan vertical de projection, il faut d'abord le rendre perpendiculaire au plan horizontal en le faisant tourner autour d'un axe perpendiculaire au plan vertical (n° 64), jusqu'à ce que V^p soit venu dans la position V^p perpendiculaire à LT. L'axe étant arbitraire, nous le faisons passer, pour plus de simplicité, par le point d'intersection n des deux traces. (Le choix de la position de l'axe doit nécessairement dépendre de la disposition particulière de la figure.) Pour avoir les projections des points o et a après la rotation, nous pourrions nous servir des verticales déjà construites ; mais on peut aussi remplacer ces droites par des lignes de plus grande pente du plan P. Concevons, par exemple, dans le plan P et par le point o une ligne de plus grande pente K par rapport au plan vertical, sa projection verticale sera une perpendiculaire abaissée de o^v sur V^v (n° 37) et coupant V^p au point p qui est la trace verticale de cette ligne de plus grande pente K ; ce point p vient en p' ; la droite K^v demeure perpendiculaire à V^p et conserve la même longueur (n° 56, 3°) ; donc menant $p'o'^v = po^v$ et perpendiculairement à $V^{p'}$, le point o'^v sera la projection verticale du point o dans sa nouvelle position, sa projection horizontale restera à la même distance de LT, elle est donc en o^h sur la projection horizontale de la verticale O du plan P, qui nous a déjà servi à trouver le point o^v. On pourra trouver les projections a'^v et a'^h de la même manière.

Prenant maintenant le plan P' pour plan vertical de projection, sa trace horizon-

(*) Le tracé indiqué dans ce numéro est connu sous le nom de *Méthode du rabattement* ; il est d'un emploi très fréquent ; nous engageons le lecteur à le répéter plusieurs fois, jusqu'à ce qu'il sache l'exécuter très-rapidement et sans la moindre hésitation.   E. R.

tale H$^{p'}$ deviendra la nouvelle ligne de terre L'T'; nous trouverons les projections verticales des points a' et o' (n° 44), qui ne seront autres que ces points eux-mêmes; effectuant ensuite la construction connue qui consiste à diviser le rayon o' en moyenne et extrême raison au point i', $a'i'$ sera le côté du décagone ; le portant deux fois de a' en b', $a'b'$ sera le côté du pentagone demandé. Ayant ainsi construit le pentagone $a'b'c'd'e'$, nous reviendrons à ses projections sur les plans primitifs par des opérations inverses des précédentes : ainsi nous passerons du système L"T" au système L'T' par un changement de plan vertical, puis nous ferons tourner le plan P' autour de l'axe A en sens contraire de celui marqué par la flèche et d'un angle égal à φ dont il avait tourné dans la première opération.

Ainsi, par exemple, le point b' se projette horizontalement en b'^h sur L'T' ; on a donc sa projection verticale b'^v en prenant $\beta'b'^v = b'^hb'$ sur une perpendiculaire à LT abaissée du point b'^h. Si l'on ramène ensuite le plan P' dans sa position primitive P, le point b' se mouvra parallèlement au plan vertical de projection, et viendra se placer sur une verticale B du plan P, dont la projection horizontale B^h doit passer par le point b'^h ; on connaît donc aussi B^v ; cela posé, la projection verticale b^v doit se trouver à la fois sur B^v et sur un arc de cercle décrit du centre n^v et du rayon $n^vb'^v$, elle est donc connue et fait connaître le point b^h qui doit être situé sur B^h. On trouvera de même les projections des autres sommets du pentagone, et en les unissant par des droites on aura les projections du pentagone lui-même.

Si l'on avait voulu prendre le plan de la figure pour plan horizontal, il aurait fallu d'abord le ramener dans une position P' perpendiculaire au plan vertical par un mouvement de rotation autour d'un axe vertical ; et l'on aurait pris ensuite ce plan P' pour plan horizontal de projection, sa trace verticale V$^{p'}$ devenant la nouvelle ligne de terre.

80. PROBLÈME 29. *Trouver le centre et le rayon du cercle circonscrit à un triangle donné* (*fig. 72*). Nous construisons d'abord les traces du plan P sur lequel est situé le triangle donné abc (n° 32), puis nous rabattrons le plan P sur le plan horizontal pour pouvoir effectuer les constructions nécessaires à la résolution du problème, en employant, par exemple, la quatrième méthode (n° 76), c'est-à-dire deux mouvements de rotation. Nous rendrons d'abord le plan P perpendiculaire au plan vertical par un premier mouvement de rotation autour d'un axe vertical A, la trace H^p décrit un angle φ, les points a, b, c doivent donc décrire le même angle φ, c'est pourquoi du point n (point en lequel la ligne de terre LT est coupée par le plan P) comme centre et avec le rayon nc^h, nb^h, nc^h nous décrirons des cercles sur chacun desquels nous porterons à partir des points a^h, b^h, c^h des longueurs d'arcs mesurant un angle égal à l'angle φ, et nous aurons ainsi les projections a'^h, b'^h, c'^h ;

les projections verticales conservent les mêmes hauteurs au-dessus de LT et se trouvent toutes sur $V^{r'}$, ce qui sert à vérifier l'exactitude des constructions. Faisant ensuite tourner le plan P' autour de $H^{v'}$ pour le rabattre sur le plan horizontal, les projections verticales viendront se placer sur LT en a''^v, b''^v, c''^v, et les points a'', b'', c'' sur des parallèles à LT menées respectivement par les points a'^h, b'^h, c'^h. Cela fait, nous construirons le centre o'' et le rayon $o''a''$ du cercle circonscrit Δ au triangle $a''b''c''$: ensuite, pour avoir les projections, sur les plans primitifs, nous effectuerons des rotations égales aux précédentes, mais en sens inverse ; le point o'' viendra d'abord en o' par sa rotation autour de $H^{v'}$ puis en o par sa rotation autour pe l'axe A, et nous aurons les projections o^ha^h et o^va^v du rayon du cercle Δ.

Si l'on avait voulu rabattre le plan P sur le plan vertical, en le faisant tourner autour de sa trace verticale, il aurait d'abord fallu rendre cette trace perpendiculaire au plan horizontal par un premier mouvement de rotation autour d'un axe perpendiculaire au plan vertical.

CHAPITRE III

Droites et plans perpendiculaires entre eux.

81. Les projections d'une droite perpendiculaire à un plan sont respectivement perpendiculaires aux traces de ce plan. En effet, en prenant pour nouveau plan vertical de projection le plan projetant horizontalement la droite, la ligne de terre coïncidera avec D^h et la trace H^r devra lui être perpendiculaire (n° 33, 4°), on verra de même que D^v et V^r doivent être perpendiculaires entre elles. On peut aussi démontrer facilement ce théorème au moyen d'un mouvement de rotation, car si l'on fait tourner le système autour d'un axe vertical, jusqu'à ce que le plan P soit devenu perpendiculaire au plan vertical, alors la droite D sera parallèle à ce même plan, donc D^h sera parallèle et H^r perpendiculaire à LT, donc enfin D^h et H^r seront des droites perpendiculaires entre elles. En faisant tourner le système autour d'un axe

perpendiculaire au plan vertical, jusqu'à ce que le plan P soit devenu perpendiculaire au plan horizontal, on démontrera que D^v et V^r sont des droites perpendiculaires entre elles. Au reste cette démonstration revient à la précédente (n° 68). Il sera facile d'en exécuter l'épure ainsi que celle de la première.

82. Problème 1. *Par un point donné* p, *mener une ligne perpendiculaire à un plan donné.* Par les projections du point donné *p*, il suffira d'abaisser des perpendiculaires sur les traces du plan donné. Mais si le plan n'est pas donné par ses traces, ou que celles-ci se trouvent situées au delà des limites du dessin, on devra opérer comme il suit. Soit le plan (A, B), déterminé par deux droites A et B se coupant en un point (*fig.* 73); je mène dans ce plan une horizontale quelconque G, sa projection verticale G^v est parallèle à LT et coupe A^v et B^v aux points a^v et b^v, projections verticales des points *a* et *b* en lesquelles les droites A et B sont coupées par l'horizontale G, et l'on déduit immédiatement les projections horizontales a^h et b^h, et, par suite, G^h; et comme G^h est parallèle à la trace horizontale du plan (A, B), abaissant de p^h une perpendiculaire sur G^h, ce sera la projection N^h de la normale demandée. Menant de même une verticale K du plan (A, B) on en conclura N^v. Enfin, si aucune horizontale, ni aucune verticale du plan, n'a ses deux projections dans les limites du dessin, il faut changer de plans de projection, et l'on pourra, par exemple, prendre d'abord pour nouveau plan horizontal le plan projetant verticalement l'une des droites A, puis choisir un nouveau plan vertical passant par la droite B, de sorte que les droites A et B sont alors les traces du plan donné sur les nouveaux plans de projection ; on leur abaissera donc des perpendiculaires par les nouvelles projections du point donné *p*, et l'on repassera des projections de cette normale sur les nouveaux plans à ses projections sur les plans primitifs.

83. Problème 2. *Par un point donné* m *mener un plan perpendiculaire à une droite donnée* D (*fig.* 74). Par le point *m* passe une horizontale K du plan cherché P, sa projection horizontale doit être parallèle à la trace horizontale de ce plan P, et par conséquent perpendiculaire à D^h. La trace verticale *a* de cette horizontale K sera un point de la trace verticale V^r du plan P, laquelle doit être perpendiculaire à D^v, et si, par le point *p*, où V^r rencontre LT, on abaisse une perpendiculaire sur D^h, on aura H^r. Si V^r ne rencontre pas LT dans les limites du dessin, on déterminera directement un point de H^r en faisant passer par le point *m* une verticale G du plan P. Il peut arriver que les traces de ces deux droites K et G soient hors des limites du dessin ; dans ce cas on peut d'abord remarquer qu'elles déterminent suffisamment le plan cherché, sans qu'il soit nécessaire de construire ses traces ; mais toutefois on peut avoir les parties de ces traces existant dans les limites du dessin ; car on pourra, à l'aide de l'horizontale K et de la verticale G passant par le point *m*, déterminer une infinité d'autres droites situées dans le plan cher-

ché, en unissant deux points quelconques *k* et *g* pris respectivement sur chacune de ces deux droites K et G, l'un de ces points pouvant être à une distance infinie, ce qui veut dire que la droite qui unit les deux points *k* et *g* peut être parallèle à la droite K si c'est le point *k* qui est supposé situé à l'infini sur la droite K et *vice versâ* pour la droite G.

84. Problème 3. *Par une droite donnée, mener un plan perpendiculaire à un plan donné.* Soient D la droite donnée et P le plan donné, si par un point quelconque de D, on abaisse une perpendiculaire N sur le plan P, elle ne sortira pas du plan cherché, donc ce plan sera déterminé par les deux droites D et N (n° 31).

Si la droite D était elle-même perpendiculaire au plan P, on n'aurait plus qu'une seule droite, puisque les deux droites D et N se confondraient. On sait que tout plan P, mené par une droite D perpendiculaire à un plan Q, est perpendiculaire à ce plan Q ; mais dans ce cas les projections D^v et D^h de la droite donnée D seraient respectivement perpendiculaires aux traces V^p et H^p du plan donné P. Il en serait de même si, au lieu de donner une droite D, on donnait un point.

85. Problème 4. *Par un point donné, mener une droite perpendiculaire à une droite donnée.* Si le point donné est hors de la droite, on sait que par un tel point on ne peut abaisser qu'une seule perpendiculaire sur la droite, et le problème peut se résoudre de plusieurs manières.

1° La droite donnée D (*fig.* 75) et le point donné *m* déterminent un plan (D, *m*) (n° 27), que l'on peut prendre pour l'un des plans de projection, ou que l'on peut rabattre sur un des plans de projection dont LT est la ligne de terre, en employant l'une des quatre méthodes (n° 76) ; nous choisirons la seconde en supposant que l'on rabatte le plan (D, *m*) sur le plan horizontal ; pour cela il faut prendre d'abord un nouveau plan vertical perpendiculaire au plan (D, *m*), de telle sorte que L'T' soit perpendiculaire à la trace horizontale de ce plan (D, *m*) ; il n'est pourtant pas nécessaire de construire cette trace, il suffit de mener par le point *m* une horizontale K du plan (D, *m*), telle que K^v passe par *m*^{v} et soit parallèle à LT ; la droite K^v rencontre D^v en un point *b*^{v} d'où l'on déduit *b*^{h}, qui doit se trouver sur D^h ; puis joignant *b*^{h} avec *m*^{h} on aura la projection K^h, à laquelle L'T' doit être perpendiculaire ; pour plus de simplicité nous choisirons le nouveau plan vertical passant par le point *m* ; comme ce point *m* et la droite D sont sur un plan perpendiculaire au nouveau plan vertical de projection, leurs projections verticales *m* et D^v se trouvent sur une même droite qui est en même temps la trace verticale V^p du plan P ou (D, *m*). Quant à H^p, elle doit être perpendiculaire à L'T', et peut toujours se trouver dans les limites du dessin en plaçant convenablement la nouvelle ligne de terre. Si l'on fait ensuite tourner le plan P autour de H^p, la droite D et le point *m* se rabattront sur le plan horizontal de projection en D' et *m*' ; nous abaisserons de *m*' sur D' la perpendiculaire N′, coupant D′ au point p'. En ramenant ce point p' sur la position primitive de la droite D, nous en obtiendrons les projections p^h et p^v. Joignant les projections des points m et p par des droites, ce seront les projections de la perpendiculaire demandée. On aurait pu prendre V′ᵣ pour nouvelle ligne de terre, et employer la première méthode (n° 76); on pouvait aussi opérer par l'une des deux dernières méthodes. Remarquons que la méthode que je viens de suivre est plus simple que celle que l'on trouve ordinairement dans les traités de géométrie descriptive, car dans la solution que l'on donne habituellement on est obligé de mener une droite par le point m, qui coupe D ou qui lui soit parallèle, et de plus on doit chercher les deux traces du plan déterminé par ces deux droites avant d'effectuer le rabattement.

2° La droite cherchée N coupe D en un point p par lequel on pourrait mener une seconde droite N′ perpendiculaire à D, alors le plan (N, N′) sera lui-même perpendiculaire à la droite D et la coupera en le point p. On est donc conduit à mener par le point m un plan perpendiculaire à D (n° 83), à chercher l'intersection p de ce plan et de la droite D, puis joignant ce point d'intersection p avec le point donné m, on aura la droite demandée. Mais cette méthode, que l'on trouve souvent exposée *seule* dans les traités, exige la résolution d'un problème appartenant à une série de questions qui seront résolues plus loin, tandis que le problème qui nous occupe trouve naturellement sa place au point où nous en sommes arrivés; la première solution est donc celle qui lui convient réellement, elle a, en outre, l'avantage de fournir une nouvelle application de nos principes fondamentaux, et de donner ainsi une nouvelle preuve de leur généralité.

86. Problème 5. *Étant donnée la projection horizontale d'une droite perpendiculaire à une droite donnée et passant par un point donné sur cette droite, trouver sa projection verticale (fig. 76).*

Dans ce problème, le point donné étant sur la droite donnée, on pourra par ce point mener une infinité de perpendiculaires à la droite, mais parmi toutes ces perpendiculaires, on peut se proposer de construire celle qui a déjà une projection horizontale donnée. Soient donc D la droite donnée et N^h la projection horizontale de la perpendiculaire N à la droite D et menée par un point m de cette droite D; la droite N est dans un plan P mené perpendiculairement à la droite D au point m; ayant donc construit les traces de ce plan (n° 83), nous serons conduits à chercher la projection verticale d'une droite dont on connaît la projection horizontale (n° 28) située dans un plan dont on connaît les traces.

Intersection des droites et des plans.

87. Une surface est en général engendrée par une ligne qui se meut dans l'es-

pace suivant une loi donnée. Une surface a généralement deux faces, une face extérieure et une face intérieure; on les considère indistinctement en géométrie descriptive; dans les arts il faut les distinguer et les considérer séparément (*).

88. Deux surfaces S et S′ se coupent suivant une ligne qu'on ne peut pas toujours obtenir immédiatement par la seule considération de la génération particulière à ces deux surfaces; on est dès lors obligé, dans presque tous les cas, de la déterminer par points. Pour cela on prend une série de surfaces auxiliaires; chacune d'elles coupe la surface S suivant une ligne C, et la surface S′ suivant une ligne C′; ces deux lignes situées sur la même surface auxiliaire Σ se couperont en un point m appartenant à l'intersection cherchée des surfaces S et S′. Il faut, dans chaque cas, choisir la surface auxiliaire Σ, quant à sa nature et à sa position par rapport aux plans de projection et aux deux surfaces données S et S′, de manière que les projections de ses intersections avec les surfaces données S et S′ s'obtiennent plus facilement que celles de l'intersection de ces surfaces S et S′ elles-mêmes (**). Lorsque les surfaces S et S′ sont des plans, il est évident que les surfaces auxiliaires Σ doivent aussi être des plans.

On doit choisir ces plans auxiliaires :

1° De manière que leurs traces coupent, dans les limites du dessin, les traces des plans donnés; parce que l'on connaît *immédiatement* les projections C^h et C^v de la droite C, intersection de deux plans S et Σ dont les traces horizontales et verticales se coupent dans les limites du dessin.

2° De manière que les intersections du plan auxiliaire avec les plans donnés se coupent elles-mêmes dans les limites du dessin.

89. PROBLÈME 6. *Trouver l'intersection* I *de deux plans dont les traces se coupent dans les limites du dessin.* Il est évident que les points a et b intersection des traces des plans donnés (*fig.* 77) appartiennent à cette intersection I et en sont les traces (n° 28). Il sera donc facile, dans ce cas, de trouver les projections de la droite d'intersection I des deux plans donnés (n° 14).

(*) Tout *relief* est terminé par une surface S dont on ne voit qu'une des faces, la face externe, pour obtenir la face interne, il faut mouler le relief, alors le moule ou *creux* est terminé par la face interne de la surface S.

(**) Autant que possible il faut choisir la surface auxiliaire Σ telle que l'on puisse *immédiatement* tracer les projections de ses intersections respectives C et C′ avec les surfaces données S et S′. Il faut donc que ces courbes C et C′ soient des lignes dont on connaisse d'avance les projections C^v, C^h — C'^v, C'^h comme courbes géométriques et que l'on projette dès lors sur les deux plans de projection, en construisant *graphiquement* les courbes C^v, C^h — C'^v, C'^h, au moyen de certaines propriétés géométriques qui leur appartiennent et qui sont connues d'avance en vertu de la nature géométrique des surfaces données S et S′ et de la surface auxiliaire Σ; on considérera donc ces courbes comme des courbes planes sans s'occuper si elles sont ou non les projections de certaines courbes de l'espace.

90. Problème 7. *Trouver l'intersection* I *de deux plans* P *et* Q, *dont les traces horizontales sont parallèles.* Le point *b* où se coupent les traces verticales des plans P et Q (*fig.* 78) est évidemment la trace verticale de cette intersection I, I^h passe donc par b^h et doit rencontrer H^p et H^q à leur point d'intersection *a* qui est situé à l'infini, puisque ces traces H^p et H^q sont parallèles, donc elle leur est parallèle ; I^v doit passer par le point *b* et couper LT à l'infini, *lieu* où se trouve situé le point a^v, donc I^v est parallèle à LT. D'ailleurs I^h étant parallèle à H^p, la droite est une horizontale du plan P sur lequel elle est située, donc I^v doit être parallèle à LT. Enfin on voit *a priori* que l'intersection I doit être horizontale, sans quoi elle percerait le plan horizontal en un point *a* commun à H^p et à H^q, et ces traces ne seraient plus dès lors parallèles entre elles. De même l'intersection de deux plans, dont les traces verticales sont parallèles, est parallèle au plan vertical.

91. Problème 8. *Trouver l'intersection* I *de deux plans dont les traces se confondent en une seule droite.* Les deux traces *a* et *b* (*fig.* 79) de cette intersection étant confondues en un seul point, il en résulte évidemment que l'intersection I est située dans un plan perpendiculaire à LT ; ses projections sont donc toutes deux perpendiculaires à LT, et l'on connaît en même temps deux points, qui sont les points *a* et *b*. Remarquons que cette droite I fait des angles égaux avec les plans de projection, car elle forme avec ses deux projections un triangle isocèle.

92. Problème 9. *Trouver l'intersection* I *de deux plans* P *et* Q, *dont les traces horizontales ne se coupent qu'au delà des limites du dessin.* Deux plans parallèles sont coupés par un troisième plan suivant des droites parallèles, si donc on construit un plan X (*fig.* 80) parallèle au plan Q, son intersection K avec le plan P sera parallèle à l'intersection I des deux plans P et Q ; or, on connaît un point *b* de cette intersection I, il faut donc mener par b^h une parallèle à K^h, et par le point *b* une parallèle à K^v (n° 24), et l'on aura les projections I^h et I^v de l'intersection I demandée.

93. Problème 10. *Trouver l'intersection* I *de deux plans* P *et* Q, *dont les quatre traces se croisent au même point* a *de la ligne de terre.* Le plan auxiliaire X (*fig.* 81) doit être choisi de manière que les intersections de H^x et V^x avec H^p et H^q et avec V^p et V^q se fassent à peu près à angle droit ou tout au moins sous un angle égal à 45°. Ce plan X coupe les plans P et Q, suivant deux droites A et B qui se rencontrent en un point *m* appartenant à l'intersection I cherchée ; il est d'ailleurs évident que cette intersection I passe par le point *a,* donc elle est entièrement déterminée par ces deux points.

94. A l'occasion de ce problème, nous dirons que sous le point de vue géométrique, quelle que soit la position du plan auxiliaire, il en donnera toujours la solution, mais il n'en est pas de même sous le point de vue graphique. Les lignes de la figure ne sont pas des lignes mathématiques, il faut donc les diriger de manière que leur intersection ne laisse pas d'incertitude, condition d'autant mieux remplie que les droites qui se coupent font entre elles un angle plus près de l'angle droit. (Dans les constructions graphiques, un point est considéré comme étant déterminé d'une manière suffisamment rigoureuse lorsque les deux droites, qui en se coupant donnent ce point, font entre elles un angle au moins égal à un demi-droit.)

95. PROBLÈME 11. *Trouver l'intersection* I *de deux plans* P *et* Q, *parallèles à la ligne de terre.* Nous prendrons le plan auxiliaire perpendiculaire à LT (*fig.* 82), ce sera par conséquent un nouveau plan vertical de projection sur lequel nous trouverons les traces V'^r et V'^q, et comme les deux plans P et Q sont perpendiculaires à ce nouveau plan vertical, leur intersection lui est elle-même perpendiculaire ; elle se projette donc tout entière en un point $I^{v'}$, et sa projection horizontale I^h sera perpendiculaire à $L'T'$ ou parallèle à LT ; d'ailleurs la droite I est parallèle à LT et située au-dessus du plan horizontal à une hauteur égale à $c^h I^{v'}$; prenant donc $oc^v = c^h I^{v'}$, nous aurons un point de la seconde projection I^v, laquelle doit aussi être parallèle à LT. On aurait pu de même considérer le plan auxiliaire comme un nouveau plan horizontal de projection, et chercher alors H'^r et H'^q.

96. PROBLÈME 12. *Trouver l'intersection* I *de deux plans* P *et* Q, *dont aucunes traces ne se coupent dans les limites du dessin.* Nous allons donner de ce problème plusieurs solutions.

1° On peut le résoudre comme il suit : menons un plan Q' (*fig.* 83) parallèle au plan Q, et construisons son intersection I' avec le plan P ; concevons les traces V^r et V'^q prolongées jusqu'à ce qu'elles se coupent en b, et imaginons la verticale bb^h, les triangles pbq et $pb'q'$, pbb^h et $pb'b'^h$, pba^v et $pb'a'^v$ sont semblables et donnent $pb' : pb :: pq' : pq$ et $pb' : pb :: pb'^h : pb^h$ et $pb' : pb :: pa'^v : pa^v$, et éliminant pb entre ces proportions, il vient $pq' : pq :: pb'^h : pb^h$ et $pq' : pq :: pa'^v : pa^v$; donc on trouvera, par ces quatrièmes proportionnelles, un point b^h de I^h et un point a^v de I^v ; d'ailleurs cette intersection I est parallèle à I', donc elle est connue. On peut aussi suppléer à la construction des quatrièmes proportionnelles par l'emploi de nouveaux plans auxiliaires, comme dans les méthodes suivantes.

2° Menons un plan auxiliaire quelconque X (*fig.* 84), il coupera le plan P suivant une droite A, et le plan Q suivant une droite B, ces deux droites A et B étant dans le plan X se coupent en un point m, qui appartient à l'intersection I des deux plans P et Q ; à l'aide d'un second plan auxiliaire Y, coupant le plan P suivant une droite C, et le plan Q suivant une droite D, on trouvera un second point n de cette intersection I, qui par là sera complétement déterminée. Mais il est facile de reconnaître que l'emploi de plans auxiliaires quelconques ne donnera pas toujours des points de l'intersection I des plans P et Q.

3° Si l'on prend un plan auxiliaire X (*fig.* 85).parallèle au plan horizontal, il coupera les plans P et Q suivant des horizontales A et B de ces plans ; ces deux horizontales se rencontreront en un point *m* qui appartient à l'intersection I cher—chée. Si l'on prend ensuite un second plan auxiliaire Y parallèle au plan vertical de projection, il coupera les plans P et Q suivant des verticales D et E de ces plans ; ces droites se rencontreront aussi en un point *n* de l'intersection I demandée ; joignant les points *m* et *n*, on aura l'intersection I des plans P et Q.

Remarquons qu'en prenant les plans X et Y le plus loin possible de la ligne de terre, les intersections auxiliaires se couperont en des points qui se rapprocheront de la ligne de terre ; si donc il arrivait que les points *m* et *n* de notre figure actuelle sortissent encore des limites du dessin, il faudrait avoir recours à un autre procédé que nous expliquerons prochainement (n° 97).

4° On peut encore choisir le plan auxiliaire parallèle à la ligne de terre, tel que X (*fig.* 86) ; il coupe les plans P et Q, suivant deux droites A et A′ dont les projec-tions horizontales se croisent au point a^h appartenant à I^h ; il est évident que les projections verticales ne se rencontreraient qu'au delà des limites du dessin, c'est pourquoi je ne les construis pas ; un autre plan X′ donnera deux nouvelles inter-sections B et B′ fournissant un second point b^h de I^h, qui est ainsi déterminé. En choi-sissant maintenant deux nouveaux plans Y et Y′ dont les traces horizontales soient très-éloignées de LT, ils couperont respectivement les plans P et Q suivant des droites D et D′, et E et E′ dont les projections verticales se rencontrent dans les li-mites du dessin, et fournissent deux points, d^v et e^v de I^v, qui est ainsi déterminée ; on a donc trouvé l'intersection I des plans P et Q.

97. Problème 13. *Trouver l'intersection de deux plans dont les traces font, avec la ligne de terre, des angles presque droits* (*fig.* 87). Soient les deux plans P et Q, il est facile de reconnaître que dans ce cas les plans auxiliaires précédents ne conduiraient plus à la solution du problème, car un plan parallèle au plan vertical couperait les plans P et Q, suivant des verticales qui ne se rencontreraient pas dans les limites du dessin, ce qui tient à ce que les plans P et Q ne se coupent qu'à une très—grande distance. Mais la partie de cette intersection qui avoisine sa trace horizontale se projette verticalement aux environs de la ligne de terre ; si donc on choisit un plan auxiliaire passant par LT et très-peu incliné sur le plan horizontal, il coupera les plans P et Q suivant des droites, dont les projections verticales s'éloigneront très—lentement de la ligne de terre, et par conséquent se couperont dans les limites du dessin, ce qui fournira un point de la projection verticale de l'intersection demandée ; en répétant une seconde fois cette construction, on ob-tiendra un second point de l'intersection, et la projection verticale sera déter-minée. On aura de même la projection horizontale en conduisant par la ligne de

terre deux plans faisant un très-petit angle avec le plan vertical. Exécutons ces constructions.

Considérons d'abord un plan X déterminé par LT et par un point x situé très-près du plan horizontal, et aussi loin du plan vertical que les dimensions du dessin peuvent le permettre ; il coupe les plans P et Q suivant des droites passant évidemment par les points p et q, en lesquels les plans P et Q coupent L T ; pour avoir un second point de chacune d'elles, nous prendrons un autre plan auxiliaire R, parallèle au plan vertical et passant par le point x ; il coupe évidemment le plan X, suivant une droite A parallèle à la ligne de terre, et les plans P et Q suivant des verticales B et C de ces plans. A^v et B^v se croisant en un point a^v qui appartient à la projection verticale D^v de l'intersection D des deux plans P et X, car le point a se trouve à la fois sur les deux droites A et B situées respectivement sur ces plans P et X ; par une raison semblable les droites A^v et C^v se croisent en un point b^v, qui appartient à la projection verticale E^v de l'intersection E des deux plans Q et X. Les droites D et E étant dans le même plan X, se rencontrent en un point m dont on connaît la projection verticale m^v, et qui appartient à l'intersection I des plans P et Q, puisque les droites D et E appartiennent respectivement à chacun de ces deux plans P et Q. Il est évident que cette construction ne peut donner aucun point de I^h, c'est pourquoi je n'ai pas écrit sur la figure les projections horizontales D^h et E^h des intersections D et E des plans P et Q avec le plan X. Nous aurons un second point de I^v à l'aide du plan X' mené par LT et par le point x', que nous choisissons pour plus de simplicité, ayant même projection horizontale que le point x précédent ; le plan R le coupe suivant la droite A', et l'on obtient les intersections D' et E' de ce plan avec les plans P et Q ; enfin ces droites D' et E' déterminent la projection verticale m'^v d'un point m' de l'intersection I, intersection dont la projection verticale I^v est maintenant tout à fait déterminée. Pour avoir la projection horizontale I^h de l'intersection I des deux plans donnés P et Q, nous ferons passer un plan Y par LT et par un point y choisi très-près du plan vertical, et aussi loin du plan horizontal que les dimensions du dessin peuvent le permettre ; il coupe les plans P et Q suivant des droites G et K, que l'on obtiendra comme précédemment par le secours d'un plan R' parallèle au plan horizontal ; les projections horizontales G^h et K^h, les seules que je construise ici, parce que les projections verticales ne peuvent évidemment rien fournir, se croisent en un point n^h, qui est la projection horizontale d'un point n de l'intersection I ; on trouvera un second point n'^h de I^h par l'emploi d'un plan Y' mené par LT et par un point y'. L'intersection I des plans P et Q est ainsi entièrement déterminée.

98. On pourrait se proposer encore beaucoup d'autres cas que l'on résoudrait

4

facilement à l'aide des méthodes employées dans les exemples précédents. Ainsi on peut chercher l'intersection de deux plans, l'un parallèle à la ligne de terre, l'autre dont les traces se confondent en une seule droite, etc., etc. (*).

99. Problème 14. *Trouver l'intersection de deux plans donnés par leur trace horizontale et un point* (*fig.* 88). Soient les plans P et Q donnés par les traces Hr et Hq et chacun par l'un des deux points p et q.

1° On pourrait construire les traces verticales Vr et Vq en menant par le point p une horizontale du plan P qui ferait connaître un point de Vr, et par le point q une horizontale du plan Q, qui donnerait un point de Vq. On pourrait mener par les points p et q des verticales des plans P et Q, alors Vr et Vq seraient respectivement parallèles aux projections verticales de ces droites. Enfin on pourrait employer des droites quelconques, menées des points p et q et respectivement à un point de Hr et de Hq. On rentrerait ainsi dans les cas précédents.

2° Mais on peut aussi résoudre directement le problème sur les données actuelles. Pour cela joignons les points p et q par une droite D, qui rencontre le plan horizontal en d, puis menons par cette droite un plan quelconque X, et l'on peut choisir pour plan auxiliaire X le plan projetant horizontalement la droite D, ce plan X coupe le plan P suivant une droite B passant par le point p, et le plan Q suivant une droite C passant par le point q ; ces droites B et C se coupent en un point m appartenant à l'intersection I cherchée, le point d'intersection a des traces Hr et Hq en est un second point, donc cette intersection I est connue.

3° La construction précédente est la plus simple, elle suffit pour trouver l'intersection demandée, mais nous pouvons choisir un plan X (*fig.* 80) quelconque. Le plan X devant, dans tous les cas, contenir la droite D, sa trace horizontale doit

---

(*) Lorsque deux plans P et Q sont tels qu'après le rabattement du plan vertical de projection sur le plan horizontal, les traces Vr et Hr se confondent en une seule ligne P₁, et que de même les traces Vq et Hq se confondent en une seule ligne Q₁; alors les plans P et Q sont tous deux perpendiculaires au plan B bisecteur des angles dièdres $\widehat{S \cdot P}$ et $\widehat{J \cdot A}$.

Les deux plans P et Q se coupent dans ce cas suivant une droite I perpendiculaire au plan B ; dès lors Iv et Ih se confondent en une seule ligne I₁ perpendiculaire à la ligne de terre LT, et la droite I de l'espèce fait des angles égaux entre eux et à un demi-droit avec les plans de projection.

De même, si les deux plans donnés P et Q sont tels que leurs traces Vr et Hq fassent des angles égaux α avec la ligne de terre LT et avec la même portion de cette ligne, et que les traces Vq et Hq fassent aussi des angles égaux δ avec la même portion de LT, l'un de ces angles étant en dessus et l'autre en dessous de LT, alors les deux plans P et Q sont perpendiculaires au plan B' bisecteur des angles dièdres $\widehat{A \cdot S}$ et $\widehat{J \cdot J}$.

Dans ce cas, la droite I intersection des deux plans P et Q est une perpendiculaire au plan bisecteur B' et ses projections Ih et Iv se confondent en une seule ligne I₁ perpendiculaire à LT, la droite I fait alors des angles égaux entre eux et à un demi-droit avec les plans de projection.

contenir la trace horizontale de cette droite ; c'est d'ailleurs la seule condition à laquelle cette trace doive satisfaire ; nous pourrons donc par le point *d* mener une
droite quelconque, et la considérer comme la trace H^x d'un plan auxiliaire X. Par
les mêmes opérations que dans le cas précédent, ce plan X donnera un point *m* de
l'intersection I. Un autre plan X′ donnera un second point *m*′ de cette intersection I,
qui sera ainsi déterminée.

4° Si le point *d* était hors des limites du dessin, on pourrait encore trouver l'intersection I par les constructions de la *fig.* 88. Si le point *a* était hors des limites du
dessin, on pourrait encore employer les constructions de la *fig.* 89. Mais si les points
a et *d* sortaient l'un et l'autre des limites du dessin, on ne pourrait plus trouver l'intersection I par les méthodes précédentes. Dans ce cas, concevons par les points *p*
et *q* (*fig.* 90) deux plans X et X′, parallèles au plan vertical, ils seront coupés par
le plan P suivant deux droites A et A′ parallèles entre elles ; or l'une d'elles, l'intersection des plans X et P, doit passer par les points *a* et *p*, l'autre doit passer par le
point *a*′, donc ces droites A et A′ sont connues ; de même les plans X et X′ sont coupés par le plan Q suivant deux droites B et B′, parallèles entre elles, dont l'une,
l'intersection des plans X′ et Q, doit passer par les points *b*′ et *q*; et l'autre par le
point *b*, donc ces intersections B et B′ sont connues ; mais les droites A et B, étant
situées dans le même plan X, se coupent en un point *m* qui appartient à l'intersection I cherchée, de même A′ et B′ se coupent en un second point *m*′ de cette intersection I, qui est ainsi déterminée. Il est évident que les constructions resteraient
exactement les mêmes si l'on conduisait par les points *p* et *q* deux points verticaux
quelconques, mais parallèles entre eux, car il n'est pas absolument nécessaire que
les plans auxiliaires X et X′ soient parallèles au plan vertical de projection, on serait
même obligé de les prendre dans une autre direction si les points *p* et *q* étaient à
la même distance du plan vertical de projection ; mais on peut aussi ramener ce
cas à l'un des précédents par un changement de plan vertical de projection. On ne
pourrait pas employer un changement de plan horizontal de projection, parce
qu'on n'aurait plus alors les données d'après lesquelles on désire résoudre le pro—
blème.

100. PROBLÈME 15. *Trouver l'intersection de deux plans donnés par leur ligne de
plus grande pente par rapport au plan horizontal (fig.* 91). Soient P et Q les lignes
de plus grande pente des deux plans P$_1$ et Q$_1$.

1° Prenons pour plan auxiliaire un plan horizontal X, qui coupera les droites P
et Q aux points *p* et *q* (n° 56, 2°), et par suite les plans donnés P$_1$ et Q$_1$ suivant des
horizontales A et B passant respectivement par ces points *p* et *q* ; mais P^h est perpendiculaire à H^{rt} (n° 37), et par conséquent à A^h (n° 36) ; de même Q^h est perpendiculaire à B ; ces horizontales sont donc entièrement connues, et comme elles sont

dans le même plan X, elles se coupent en un point m de l'intersection I des deux plans P_t et Q_t. Un second plan horizontal X' fera connaître un autre point m' de l'intersection demandée I ; donc enfin cette intersection I est déterminée.

2° Si les droites P^h et Q^h sont parallèles ($fig.$ 92), les droites A^h et B_h le sont aussi et ne donnent plus de point de l'intersection I demandée, mais alors cette droite cherchée I est horizontale (n° 90), et l'on en trouve un point comme il suit. Coupons les plans donnés, P_t et Q_t, par deux plans horizontaux X et X', qui donnent les horizontales A et B, A' et B' des plans P_t et Q_t ; prenons deux points quelconques a et b sur A et B, et lions-les par la droite C, puis plaçons sur A' et B' une droite C' parallèle à C, nous pourrons considérer C et C' comme des horizontales d'un troisième plan coupant le plan P_t suivant la droite D, et le plan Q suivant la droite E ; les deux droites D et E se coupent elles-mêmes en un point x appartenant à l'intersection I, nous aurons donc I^h en menant par x^h une perpendiculaire sur P^h et Q^h. Je n'ai pas construit les projections verticales des droites D et E et du point x ; pour avoir I^v, je remarque que cette intersection rencontre nécessairement les droites P et Q en des points dont nous avons les projections y^h et z^h ; on en conclut facilement y^v et z^v, qui déterminent I^v ; il faut, de plus, que cette projection I^v soit parallèle à LT.

101. PROBLÈME 16. *Trouver l'intersection de deux plans donnés par leurs traces horizontales et les angles qu'ils font avec le plan horizontal* ($fig.$ 93). Il est évident, par un théorème connu de géométrie élémentaire, que si un plan est perpendiculaire au plan vertical de projection, l'angle qu'il fait avec le plan horizontal est mesuré par l'angle que fait sa trace verticale avec la ligne de terre ; prenant donc un plan vertical perpendiculaire au plan P, la trace V'^r de ce plan fera avec la ligne de terre L'T' l'angle donné α ; prenant de même un plan vertical perpendiculaire au plan Q, la trace V''^q de ce plan fera, avec la ligne de terre L"T", l'angle donné β. Comme les deux plans P et Q sont ainsi rapportés au même plan horizontal et à des plans verticaux différents, on pourrait changer, par rapport à chacun d'eux, de plan vertical, et trouver leur trace V^r et V^q (n° 47) sur un même plan vertical LT ; mais cela n'est pas nécessaire, car si l'on conçoit un plan horizontal X, ses traces, sur les deux plans verticaux, seront parallèles à L'T' et à L"T" et également distantes de ces deux lignes de terre ; ce plan X coupe les plans P et Q suivant les deux horizontales A et B, et ces deux droites se coupent elles-mêmes en un point m, dont nous avons la projection horizontale m^h par l'intersection de A^h et de B^h ; donc joignant am^h, on aura la projection horizontale I^h de l'intersection I des plans P et Q. On en a en même temps les deux projections verticales I^v et $I^{v''}$; cette intersection I est donc déterminée.

102. On peut encore varier les données des plans en ne les supposant pas donnés

tous les deux de la même manière. Il sera facile, par ce qui précède, de voir quelle modification on devra, dans chaque cas, faire subir aux solutions que nous avons successivement exposées.

103. La géométrie plane, et la géométrie de l'espace, se prêtent des secours mutuels, de sorte que souvent des propriétés connues de la géométrie plane conduisent à la découverte de quelques propriétés de la géométrie de l'espace ; souvent aussi des propriétés connues de la géométrie de l'espace conduisent à des propriétés nouvelles de la géométrie plane ; en géométrie descriptive, on emploie souvent ces sortes de constructions, que l'on exprime en disant : *Il faut savoir passer de l'espace sur le plan, et remonter du plan dans l'espace.* Par exemple, dans le problème 14 (n° 99, 3°), chaque plan auxiliaire X (*fig.* 39), donne un point m de l'intersection I, tous les points m ainsi obtenus seront donc sur une ligne droite ; de sorte que si l'on considère seulement la projection horizontale, on verra que toutes les droites telles que B^h et C^h se coupent en des points tels que m^h, qui sont sur une même droite I^h passant par le point a, d'où l'on déduit ce théorème (*) :

Si l'on a trois droites D, P, Q (*fig.* 94) *qui se coupent deux à deux, et trois points* d, p, q *sur l'une d'elles,* D ; *si par l'un de ses points* d, *on mène des transversales* $T_1 T_2 T_3$..... *coupant les droites* P *et* Q ; *que l'on joigne les points en lesquels* P *est coupée, avec le point* p *par des droites* $B_1 B_2 B_3$..... *et les points en lesquels* Q *est coupée par les mêmes transversales avec le point* q *par des droites* $C_1 C_2 C_3$..... *les droites* B_1 *et* C_1, B_2 *et* C_2, B_3 *et* C_3..... *se coupent en des points* $m_1 m_2 m_3$..... *qui sont avec l'intersection* a *des droites* P *et* Q *sur une même droite* I.

Il est évident qu'on peut prendre les droites D, P, I pour données, le point p pour origine des transversales $B_1 B_2 B_3$,..... coupant P et I aux points $b_1 b_2 b_3$,..... et $m_1 m_2 m_3$,..... et l'on en conclura que les points d'intersection des droites C_1 et T_1, C_2 et T_2, C_3 et T_3,..... sont en ligne droite avec le point a. On pourrait aussi donner les droites D, Q, I, le point q pour origine des transversales $C_1 C_2 C_3$,..... qui coupent les droites Q et I aux points $c_1 c_2 c_3$,..... et $m_1 m_2 m_3$,.... et l'on en conclura que les points d'intersection des droites B_1 et T_1, B_2 et T_2, B_3 et T_3,..... sont sur une droite P passant par le point a.

104. L'un des trois points d, p, q peut être situé à l'infini, soit :

1° Le point d situé à l'infini ; les transversales $T_1 T_2 T_3$..... sont, dans ce cas, parallèles à D ;

Soit 2° le point p situé à l'infini ; les transversales $B_1 B_2 B_3$..... sont parallèles à D ;

Soit 3° le point q situé à l'infini ; les transversales $C_1 C_2 C_3$..... sont alors parallèles à D.

Dans les trois cas on en conclut ce théorème, que nous appliquerons, pour plus de clarté, au premier cas (*fig.* 95) : *Si l'on a trois droites* D, P, Q, *qui se coupent deux à deux, et deux points* p *et* q *sur l'une d'elles* D ; *si l'on mène une série de parallèles à cette droite et coupant les deux autres droites* P *et* Q, *que l'on joigne les points de* P *au point* p, *et les points de* Q *avec le point* q, *les droites* B_1 *et* C_1, B_2 *et* C_2..... *se croisent en des points* $m_1 m_2 m_3$..... *qui sont, avec l'intersection* a *des droites* P *et* Q, *sur une même droite* I. Ce cas se déduit des *fig.* 86 et 87, en ne considérant que la construction exécutée sur le plan horizontal.

105. Si l'on prend D, P, I pour les droites données, le point p pour origine des transversales $B_1 B_2 B_3$,..... on en conclura que les points d'intersection des droites C_1 et T_1, C_2 et T_2, C_3 et T_3 sont sur une même droite avec le point a. Si l'on prend les droites D, Q, I et le point q pour origine des transversales $C_1 C_2 C_3$..... on trouvera que les droites B_1 et T_1, B_2 et T_2, B_3 et T_3..... se coupent en des points situés sur une droite passant par le point a. On pourra donc énoncer le théorème suivant :

(*) La plupart des théorèmes sur les transversales, quand il s'agit de *points de concours* et non de *rapports* entre les longueurs des parties interceptées, peuvent être résolues comme nous le faisons ici pour quelques-unes, soit par les considérations des projections de certains systèmes situés dans l'espace, soit par la solution graphique (ou en d'autres termes par la méthode des projections) de certaines questions relatives à des points, droites, plans et surfaces réglées formant un système situé dans l'espace.

Si l'on a trois droites D, P, I *et deux points* p *et* q *sur l'une d'elles* D ; *que, par l'un de ces points* p, *on mène tant de transversales* $B_1B_2B_3$..... *que l'on voudra ; que l'on joigne les points d'intersection de ces transversales et de la droite* I *avec le second point* q *de* D *par les droites* $C_1C_2C_3$..... ; *que par les points d'intersection de ces mêmes transversales et de la droite* P, *on mène des parallèles* T_1T_2... *à la droite* D, *ces parallèles* T_1T_2..... *et les droites* C_1C_2..... *se coupent respectivement en des points situés sur une droite passant par le point d'intersection* a *des droites* P *et* I.

106. De ces propositions on peut déduire les réciproques suivantes :

1° *Si l'on a quatre droites* D, P, Q, I (*fig.* 94), *dont trois concourent au même point* a, *et coupent chacune la quatrième ; que l'on joigne tous les points de l'une des premières* I *avec deux points* p *et* q, *pris sur la quatrième, les droites menées au point* p *couperont* P ; *les droites menées au point* q *couperont* Q ; *enfin, toutes les droites menées par les points* b_1 *et* c_1, b_2 *et* c_2, b_3 *et* c_3....... *ainsi obtenus vont couper la droite* D *au même point* d, *ou lui sont parallèles* (fig. 95).

Si l'on joignait les points de Q avec les points q et d, on trouverait de même que toutes les droites $B_1B_2B_3$..... concourent au même point p de la droite D. Si l'on joignait les points de la droite P avec les points p et d, on trouverait que toutes les droites $C_1 C_2 C_3$..... concourent au même point q de la droite D.

2° *Si l'on a trois droites* P, Q, I *issues d'un même point* a *et un point* d *hors de ces droites ; que du point* d *on mène deux transversales quelconques* T_1 *et* T_2 *coupant les droites* P *et* Q *respectivement aux points* b_1 *et* b_2, c_1 *et* c_2; *si l'on prend deux points quelconques* m_1 *et* m_2 *sur la troisième droite* T, *et qu'on les joigne aux points d'intersection précédents, les droites* B_1 *et* B_2 *se couperont en un point* p, *et les droites* C_1 *et* C_2 *en un point* q, *et les trois points* d, p, q *sont en ligne droite.*

Si l'on eût donné le point p, et mené les transversales B_1 et B_{11} on aurait trouvé les deux points d et q en ligne droite avec le point p ; de même, donnant le point q et menant les transversales C_1 et C_{21} on trouvera les deux points d et p en ligne droite avec le point q.

3° *Si l'on a trois droites* P, Q, I (fig. 95) *concourant au même point* a, *et deux droites parallèles* T_1 *et* T_2, *coupant* P *et* Q *respectivement en* b_1 *et* b_2, c_1 *et* c_2; *que l'on joigne ces points avec deux points pris arbitrairement sur* I , *les droites* B_1 *et* B_2 *se couperont en un point* p, C_1 *et* C_2 *en un point* q, *et les deux points* p *et* q *sont sur une droite* D *parallèle à* T_1 *et* T_2.

107. *Si l'on a deux droites* P *et* Q (fig. 96) *qu'on les coupe par une série de transversales parallèles* T_1 T_2 T_3..... *que par les points* b_1 b_2 b_3,..... c_1 c_2 c_3,..... *où ces transversales rencontrent* P *et* Q, *on mène deux séries de droites parallèles* B_1 B_2 B_3,..... C_1 C_2 C_3,..... *les droites* B_1 *et* C_1, B_2 *et* C_2, B_3 *et* C_3,..... *se couperont en des points* m_1 m_2 m_3,..... *qui seront en ligne droite avec le point* a, *intersection de* P *et* Q.

En effet, si l'on considère les droites P et Q comme les traces horizontales de deux plans et les transversales T_1,..... comme les traces horizontales de plans auxiliaires parallèles, coupant les plans donnés suivant les droites B_1 et C_1,..... les points $m_1 m_2$..... intersection des droites B_1 et C_1, B_2 et C_2..... appartiendront, ainsi que le point a, à la projection horizontale de l'intersection I des deux plans donnés ; tous ces points m_1..... seront donc situés sur une même droite.

108. On conclut évidemment de là ce théorème réciproque : *Si l'on a trois droites* P, Q, I, *concourant au point* a, *que par tous les points* m_1, m_2, m_3,..... *de l'une d'elles* I *on mène deux séries de droites parallèles* B_1, B_2, B_3..... *et* C_1, C_2, C_3, *les premières couperont* P *et les secondes couperont* Q *en des points tels que les droites qui joindront* b_1 *et* c_1, b_2 *et* c_2, b_3 *et* c_3..... *seront toutes parallèles entre elles.*

109. PROBLÈME 17. *Étant données deux droites* P *et* Q *concourant en un point situé hors des limites du dessin et un point* m, *faire passer par* m *une droite qui concoure au même point que les droites* P *et* Q. On sait résoudre ce problème par les deux constructions suivantes :

1° Menons une droite quelconque T (*fig.* 97) coupant P et Q aux points *b* et *c*, joignons *bm* et *cm*, ces droites coupent respectivement Q et P aux points c_1 et b_1; unissons ces points par une droite T_1 rencontrant T au point *d*, par ce point menons une troisième droite T_2 coupant P et Q aux points b_2 et c_2, joignons $b_1 c_2$ et $b_2 c_1$, ces droites se coupent en un point *m*, appartenant à la droite demandée. En effet, considérons P, Q, T, comme les traces horizontales de trois plans passant par un même point de l'espace dont *m* serait la projection horizontale ; B et C seront les projections horizontales des intersections du plan T avec les plans P et Q ; considérant alors le point *c*, comme la projection horizontale d'un point du plan P et b_1 comme celle d'un point du plan Q, enfin T, comme la trace horizontale d'un second plan auxiliaire, il coupera les plans P et Q suivant des droites dont B_1 et C_1 sont les projections horizontales, et par suite m_1 serait la projection horizontale d'un second point de l'intersection des plans P et Q.

On pourrait par le point *d* mener tant d'autres transversales que l'on voudrait, et continuant la même construction on obtiendrait une série de points *m*, m_1, m_2 ..... qui seraient en ligne droite, d'où l'on peut conclure facilement un nouveau théorème de transversales qu'il est inutile d'énoncer ici.

2° Du point *m* (*fig.* 98) abaissons sur les droites P et Q, des perpendiculaires qui les coupent aux points *b* et *c*, joignons *bc*, menons *b'c'* parallèle à *bc* et par les points *b'* et *c'* les parallèles P' et Q' à P et Q, ces droites P' et Q' se coupent en un point *m'* appartenant à la droite cherchée. En effet, considérant P et Q comme les traces horizontales de deux plans, *m* comme la projection horizontale d'un point de leur intersection, *mb* et *mc* comme deux lignes de terre, on rentrera dans la construction du problème XVI (n° 101), P' et Q' seront les projections de deux horizontales des plans P et Q situées à la même hauteur, et se coupant en un point *m'* de la projection horizontale de l'intersection des plans P et Q.

110. Problème 18. *Trouver l'intersection d'une droite* D *et d'un plan* P. 1° Si par la droite D (*fig.* 99), on fait passer un plan auxiliaire X, qu'on cherche son intersection I avec le plan P, le point *x* intersection des droites I et D sera le point demandé.

Parmi les plans que l'on peut faire passer par la droite D, nous en distinguerons sept, qu'il sera préférable de choisir quand la disposition de la figure le permettra, et parmi lesquels on devra choisir suivant la disposition de la figure sur chaque plan de projection par rapport à la ligne de terre ou mieux suivant les relations de position qui existeront dans l'espace entre les données de la question à résoudre · ce sont:

1° Le plan projetant horizontalement D

2° Le plan projetant verticalement D ;

3° Le plan dont D est la ligne de plus grande pente, par rapport au plan vertical ;

4° Le plan dont D est la ligne de plus grande pente, par rapport au plan horizontal ;

5° Le plan mené par D parallèlement à la ligne de terre ,

6° Le plan dont la trace horizontale est parallèle à H^p ;

7° Enfin le plan dont la trace verticale est parallèle à V^r ;

Les intersections de ces plans avec le plan donné P couperont toutes la droite D au même point x, qui est le point cherché. Dans chaque cas particulier, on choisira, comme nous l'avons dit ci-dessus, celui des plans qui conviendra le mieux ; il serait inutile de les représenter tous sur la figure ; on peut facilement s'y exercer.

2° Par le choix du plan auxiliaire, les projections I^h et D^h, et I^v et D^v peuvent se couper sous des angles très-aigus, alors les points x^h et x^v et par suite le point x sont mal déterminés. Mais on peut toujours choisir *à priori* le plan auxiliaire X de manière que I^v et D^h, par exemple, se coupent sous un angle droit ou presque droit. Pour cela je mène dans le plan P une droite A telle que A^h soit à peu près perpendiculaire sur D^h, ce qui est toujours possible puisque je peux me donner A^h, à volonté, pour conclure A^v ; si ensuite sur un point m de D je mène une parallèle A' à A, si je fais passer un plan X par les droites D et A', si je cherche l'intersection I des plans P et X, le point x, où les droites I et D se coupent, est le point demandé. Remarquons que les droites I et A doivent être parallèles, ce qui servira à vérifier l'exactitude des constructions.

3° On peut encore résoudre le même problème par un changement de plan de projection ou un mouvement de rotation, ayant pour but de ramener le plan P à être perpendiculaire à l'un des plans de projection (nos 55 et 57), car alors son intersection avec D se projette sur ce plan à l'intersection de la trace du plan et de la projection de la droite (n° 56, 2°). Prenons donc un nouveau plan vertical de projection perpendiculaire au plan P (*fig.* 100), la ligne de terre L'T' sera perpendiculaire à H^p. On trouvera les droites V'^p et D'^v se coupant en $x^v{}'$, d'où l'on conclut x^h puis x^v qui sont les projections du point cherché. On aurait pu prendre un nouveau plan horizontal L'''T'' perpendiculaire au plan P, alors la projection $x^{h''}$ sera l'intersection de $D^{h''}$ et H^p.

Remarquons que si l'on prend L'T' plus *haut sur la feuille de dessin*, le point $x^v{}'$ se trouve plus vers le haut de la feuille de dessin, et *vice versâ* ; en prenant donc L'T' plus bas, le point $x^v{}'$ descend en même temps, de sorte qu'en choisissant la nouvelle ligne de terre le plus bas possible sur la feuille de dessin, on obtiendra des points d'intersection très-éloignés du plan horizontal, et que ne fournirait aucune autre méthode.

Si l'on changeait de plan horizontal, on devrait alors, par une raison toute semblable, choisir la nouvelle ligne de terre perpendiculaire à V^p et le plus haut possible. Enfin on pourrait rendre le plan P perpendiculaire au plan vertical ou au plan
horizontal de projection, en le faisant tourner autour d'un axe perpendiculaire au
plan vertical, ou perpendiculaire au plan horizontal, la droite D se mouvant dans
les deux cas avec le plan P.

111. Problème 19. *Trouver l'intersection d'une droite avec un plan donné par une
droite et un point.* 1° Soient (*fig.* 101) le plan (P,*p*) donné par la droite P et le
point *p*, et la droite donnée D ; il faut (n° 110, 1°) par la droite D faire passer un
plan auxiliaire et chercher son intersection avec le plan (P,*p*) ; or on peut choisir le
plan passant par la droite D et le point *p*, de sorte que l'on connaît déjà un point *p*
de l'intersection I ; pour en avoir un second point, je mène par le point *p* des
droites P' et D' respectivement parallèles aux droites P et D ; les plans sont alors
donnés par des droites parallèles, et en menant un second plan auxiliaire X ho-
rizontal, il coupera les quatre droites respectivement aux points π et π', δ et δ' qui
déterminent les intersections A et B de ce plan X avec les plans (P,P') et (D,D'),
et enfin les droites A et B se rencontrent en un point *m* de l'intersection I, qui est
ainsi entièrement connue. Enfin cette dernière droite I rencontre D en un point *x*
qui est le point demandé.

2° On pourrait prendre le plan X parallèle au plan vertical, ou perpendiculaire
à l'un des plans de projection. On résout très-simplement ce problème en prenant
pour plan passant par D son plan projetant vertical, comme nous le montrerons
dans le problème suivant (n° 113, 2°).

3° Si l'une des droites données, P par exemple, était parallèle au plan horizontal, P^v serait parallèle à LT et par conséquent à V^x, on ne connaîtrait plus alors
le point π, mais dans ce cas il est évident que le plan X qui est horizontal coupe le
plan (P,*p*) suivant une horizontale, ou en d'autres termes, suivant une parallèle à
la droite P, qui sera déterminée, car on pourra encore avoir le point π' en prenant P', non plus parallèle à P, mais passant par le point *p* et un point quelconque
de P.

4° Si la droite P était la trace H^p du plan, on prendrait pour P' une verticale,
ou une horizontale de ce plan, et alors on choisira le plan X de manière à ce qu'il soit
parallèle au plan vertical de projection.

Enfin si la droite P était une ligne de plus grande pente du plan, elle suffirait pour
le déterminer (n° 38) ; dans ce cas on ne pourrait plus donner le point *p*, et l'on choisirait pour plan passant par la droite D, celui dont cette droite serait la ligne de plus
grande pente par rapport au même plan ; on rentrerait ainsi dans un problème déjà
résolu (n° 100).

112. On pourrait encore chercher l'intersection d'une droite avec un plan donné dans d'autres cas particuliers, par exemple, lorsque les deux traces se confondent en une seule droite, et tout autre que l'on pourrait concevoir ; tous ces cas se résoudraient par les mêmes principes.

113. PROBLÈME 20. *Par un point donné mener une droite qui s'appuie sur deux droites données :*

1° Par le point donné et par chacune des droites données on peut faire passer un plan, l'intersection de ces deux plans sera évidemment la droite demandée ; on rentrera ainsi dans la construction du problème précédent (n° 111), où p (*fig.* 111) représentera le point donné, P et D les deux droites données, I la droite cherchée ; comme vérification, les projections de cette droite I doivent couper celles de P et D en des points y^v et y^h, x^v et x^h situés respectivement sur une même perpendiculaire à la ligne de terre (n° 8).

2° Nous pouvons résoudre ce problème en faisant passer un plan par le point donné m (*fig.* 102) et par l'une des droites A, puis cherchant l'intersection de ce plan avec la seconde droite B, nous obtiendrons son intersection avec le plan (A, m), en menant deux droites K et G par m et deux points quelconques b et a de A, elles seront évidemment dans ce plan et couperont le plan vertical mené par B^h en des points k et g de l'intersection R de ces plans ; puis la droite R rencontre la droite B au point x qui appartient à la droite D demandée, car cette droite, ayant deux points x et m dans le plan (A, m), y est contenue tout entière et par conséquent elle rencontre la droite A en un point y.

114. Il serait facile de trouver d'autres solutions de plusieurs des problèmes précédents, de varier les données de quelques-uns d'entre eux et d'en proposer de nouveaux ; ce qui précède suffit pour pouvoir les résoudre tous. Au reste nous aurons l'occasion d'en rencontrer encore quelques-uns dans la suite de ce cours (*).

(*) Cependant il n'est pas sans intérêt de mentionner d'une manière particulière le problème dans lequel le plan P aurait ses traces V^v et H^v confondues en une seule ligne droite P_1, et dans lequel la droite D aurait ses projections D^h et D^v confondues en une seule ligne droite D_1.

Dans ce cas, le point m, intersection du plan P et de la droite D, aurait ses projections m^h et m^v confondues en un seul point m_1.

Le point m serait situé sur le plan B, bissecteur des angles dièdres $\widehat{S.P}$ et $\widehat{I.A}$.

Désignons par p le point en lequel le plan P coupe la ligne de terre LT, et par d le point en lequel la droite D coupe cette même ligne LT.

Si nous concevons une suite de droites D, D′, D″, etc., perçant la ligne de terre au même point d, et dont les projections se trouvent confondues en les droites D_1, $D′_1$, $D″_1$, etc., toutes les droites D, D′, D″, etc., seront situées dans le plan bissecteur B.

Dès lors, les points m, $m′$, $m″$, etc., en lesquels les droites D, D′, D″, etc., percent respectivement

114 (*bis*). Remarque, au sujet des problèmes relatifs 1° à l'intersection de deux plans, 2° à l'intersection d'une droite par un plan.

Dans cette première partie du cours de géométrie descriptive, nous nous sommes imposé la tâche de donner, au sujet des problèmes relatifs au point, à la droite et au plan, toutes les méthodes et toutes les solutions qui, fondées sur ces méthodes, se reproduiront dans la seconde partie, qui traite des courbes et des surfaces.

Ainsi lorsqu'il s'agit de l'intersection de deux surfaces, le problème le plus simple est celui par lequel on se propose de déterminer l'intersection de deux plans (le plan étant la surface la plus simple en géométrie). Mais 1° un plan peut être considéré comme engendré par une droite G qui se meut parallèlement à elle-même en s'appuyant sur une *droite* D ; le plan est alors considéré comme un *cylindre*, car un cylindre est une surface réglée, engendrée par une droite G qui se meut parallèlement à elle-même en s'appuyant sur une *courbe* D. 2° Un plan peut être considéré comme engendré par une droite G passant en toutes ses positions par un point fixe *s* et s'appuyant sur une *droite* D ; le plan est alors considéré comme une surface *conique*, car un cone est une surface réglée, engendrée par une droite G qui se meut en passant constamment par le sommet *s* (de la surface conique) et en s'appuyant sur une *courbe* D.

En géométrie descriptive un plan est employé comme *surface auxiliaire*, en considérant son mode de génération, tantôt *cylindrique*, tantôt *conique*. Lorsque l'on

---

le plan P, seront sur une droite K intersection des plans P et B : dès lors les points m_1, m'_1, m''_1, etc., seront sur une ligne droite J, passant par le point p.

Ce qui précède nous permet d'énoncer le théorème suivant, relatif aux transversales. *Fig.* 102 *bis*.

Étant données deux droites J et P, se coupant en un point p, si d'un point d de J on mène une suite de droites D_1, D'_1, D''_1, etc., coupant respectivement la droite P, en les points q, q', q''. etc.; si des points q, q', q'', etc., on mène une suite de perpendiculaires à la droite LT, ou une suite de parallèles entre elles et faisant avec la droite LT un angle α, ces droites coupant LT aux points r, r', r'', etc. Si du point d, on mène une droite Y perpendiculaire à LT, ou faisant avec LT un angle α, cette droite étant dès lors parallèle aux droites qr, qr', qr'', etc, si par le point s en lequel Y coupe P on mène des droites sr, sr', sr'', *etc., ces droites couperont les droites* D_1, D'_1, D''_1, *etc., respectivement aux points* m_1, m'_1, m''_1, *etc., lesquels seront en ligne droite avec le point p.*

Et comme toute droite dont les projections sont confondues, est située dans le plan bissecteur B on pourra mener les droites D_1, D'_1, D''_1, etc., par des points différents, d, d', d'', etc., situés sur LT, et non par le même point d; mais alors on devra mener par chacun des points $\bar{d}$, d', d'',.... des droites Y, Y', Y'', etc., qui donneront sur la droite P_1, des points s, s', s'', etc., et alors il faudra joindre les points s et r — s' et r' — s'' et r'' —, etc., pour obtenir les points m_1, m_1', m''_1, etc., lesquels seront avec le point p en ligne droite.

On trouverait des théorèmes de transversales analogues, si l'on considérait un plan P perpendiculaire au plan B', bissecteur des angles dièdres $\widehat{S. P.}$ et $\widehat{P. I}$, et des droites D, D', D'', etc., situées dans ce plan bissecteur B'.

se donne un plan P par sa trace horizontale H^r et par un point p dont on se donne les projections p^v et p^h, il est évident que le plan P est donné par son mode conique de génération ; cela veut dire que, lorsque l'on aura un problème à résoudre par rapport au plan P, il faudra, dans les constructions graphiques, tenir compte de la manière dont le plan P est donné.

Lors donc que l'on a deux plans P et Q donnés l'un par sa trace H^r et un point p, et l'autre par sa trace H^q et un point q, et que l'on demandera la solution du problème : *construire les projections* I^h *et* I^v *de l'intersection* I *de ces deux plans* P *et* Q, il faudra employer un mode de solution tel que l'on tienne compte du mode particulier de génération des deux plans donnés P et Q, et ainsi de ce qu'ils sont donnés l'un et l'autre par le *mode conique*.

Dès lors on voit de suite que la solution donnée dans ce cas peut être employée pour le problème le plus général, savoir : *déterminer les projections* I^h *et* I^v *de l'intersection* I *de deux cônes* P *et* Q *donnés* le PREMIER *par son sommet* p *et par sa trace horizontale* P^r (qui ne sera autre qu'une courbe C, base horizontale du cone), *et le* SECOND *par son sommet* q *et par sa trace* H^q *sur le plan horizontal* (trace qui ne sera autre qu'une courbe C', base horizontale du cône).

Car il est évident que tous les plans auxiliaires X..... qui passeront par la droite D qui unit les deux sommets p et q, couperont respectivement les cônes (p, C) et (q, C'), suivant des génératrices droites qui se couperont en des points x..... appartenant à la courbe I, intersection des deux cônes donnés.

Ainsi dans l'épure relative à l'intersection de deux plans, remplaçons les droites H^r par une courbe C et H^q par une courbe C', et au lieu de construire l'intersection de deux plans on construira l'intersection de deux cônes.

Si au contraire l'on se donnait 1° un plan P par sa trace H^r et par les projections K^h et K^v d'une droite K située dans ce plan P, et 2° un plan Q par sa trace H^q et par les projections q^v et q^h d'un point q situé dans ce plan Q et que l'on demandât de déterminer la droite I intersection de ces deux plans P et Q, c'est-à-dire les projections I^v et I^h de la droite I, on serait obligé, dans les constructions graphiques à employer pour la solution du problème ainsi posé, de tenir compte de ce que le plan P est donné par son mode de génération *cylindrique* et de ce que le plan Q est donné par son mode de génération *conique ;* dès lors, il faudrait mener par le point q une droite B parallèle à K, laquelle percerait le plan horizontal en un point b, et par ce point on mènerait une série de droites H^x..... coupant respectivement les droites H^r et H^q. Les droites H^x.... seraient les traces d'une série de plans auxiliaires X..... qui évidemment couperaient le plan P suivant des parallèles à K et le plan Q suivant des droites passant toutes par le point q.

Si donc on remplace la droite H^r par une courbe C et H^q par une courbe C', l'on aura au lieu du plan P, un *cylindre* Σ ayant une courbe C pour base horizontale, ses génératrices étant parallèles à la droite K, et l'on aura au lieu du plan Q, un *cone* Σ′ ayant une courbe C′ pour base horizontale et le point *q* pour sommet, et le mode de solution employé pour déterminer la droite I intersection des deux plans P et Q, devra être identiquement employé pour déterminer la courbe I intersection des deux surfaces (cylindrique et conique) Σ et Σ′. Si, enfin, l'on donnait les plans P et Q par leurs traces horizontales H^r et H^q et deux droites K et G, l'une K située dans le plan P et l'autre G située dans le plan Q ; les deux plans P et Q seraient alors donnés chacun par son mode de génération *cylindrique*. Il faudrait donc par un point *m* de l'espace mener deux droites K′ parallèles à K et G′ parallèle à G ; tout plan X parallèle au plan (K′, G′) couperait respectivement les plans P et Q suivant des parallèles à K et à G ; les traces des plans X.... seront parallèles aux traces du plan (K′, G′). Il suffit donc de déterminer la trace horizontale de ce dernier plan et de mener une suite de droites H^x..... parallèles entre elles et à cette trace, et coupant respectivement les droites H^r et H^q pour achever la construction graphique.

Si donc on remplace H^r et H^q par des courbes planes C et C′, l'on aura au lieu des deux plans P et Q deux cylindres Σ et Σ′, l'un Σ ayant C′ pour base horizontale et ayant ses génératrices droites parallèles à K, l'autre Σ′ ayant C′ pour base horizontale et ayant ses génératrices droites parallèles à G et la *courbe* I intersection de ces deux surfaces cylindriques Σ et Σ′ s'obtiendra par la méthode graphique employée pour déterminer la *droite* I intersection de deux plans P et Q donnés l'un et l'autre par le mode de génération cylindrique.

Ce qui précède nous montre bien comment l'on procède du connu à l'inconnu, comment l'on doit procéder pour passer de la solution d'un problème relatif à des surfaces simples, à la solution du même problème, proposé pour des surfaces plus générales du même mode de génération.

Au sujet de l'intersection d'une droite et d'un plan, nous avons des considérations d'un autre genre à présenter. Lorsque l'on se propose la solution d'un problème par la méthode des projections, il faut autant que possible choisir entre toutes les constructions graphiques celle qui emploie le moins de *lignes ;* lors donc que l'on a à chercher le point de rencontre d'un plan et d'une *seule* droite, il est évident que l'emploi d'un plan auxiliaire passant par la droite sera préférable à l'emploi de la méthode du changement de l'un des plans de projection.

Mais si l'on a une série de droites D..... parallèles entre elles, ou divergeant d'un point *s* et que l'on demande de couper toutes ces droites par un plan P donné par ses traces, il est bien évident qu'il vaudra mieux changer de plan vertical de projection et prendre le nouveau plan perpendiculaire au plan P.

D'ailleurs, si les droites D.... sont les arêtes d'un prisme ou les arêtes d'une

·pyramide, on a très-souvent et presque toujours besoin dans les applications de connaître en véritable grandeur la section faite au travers du prisme ou de la pyramide par le plan P ; et pour avoir cette section en véritable grandeur, il faut pouvoir considérer le plan P comme un nouveau plan de projection, ou le faire tourner autour de sa trace H' comme axe de rotation pour le rabattre sur le plan horizontal de projection. Or l'une ou l'autre de ces solutions exige au préalable que l'on effectue le changement du plan vertical de projection, il est donc évident qu'il vaut beaucoup mieux effectuer tout d'abord ce changement, pour déterminer la projection horizontale et la projection verticale de la section sur les plans primitifs, et ensuite en conclure la véritable grandeur de cette section.

Tous les problèmes se simplifient en leur solution par l'emploi de l'une ou l'autre des deux méthodes, savoir : 1° *changement des plans de projection* ; 2° *rotation du système autour d'un axe* ; mais suivant la nature du problème proposé, suivant les relations de position qui existent entre les diverses parties du système proposé dans l'espace et fixé de position par rapport aux deux plans primitifs de projection, en vertu des positions respectives qu'affectent par rapport à la ligne de terre LT les projections de ce système, on doit préférer l'une des méthodes à l'autre, et c'est ce choix, judicieusement fait, qui montre si le géomètre comprend bien *l'art* et la *science* des projections, s'il sait, en un mot, lire dans l'espace.

Angles des droites et des plans.

115. PROBLÈME 21. *Trouver l'angle de deux droites.* L'angle de deux droites est la quantité dont les directions de ces droites s'écartent l'une de l'autre : il en résulte que :

1° Deux droites peuvent faire un angle sans se couper ;

2° Deux droites parallèles font entre elles un angle nul ;

3° L'angle de deux droites qui ne se coupent pas, sans être parallèles, est égal à l'angle de deux parallèles à ces droites et menées par un même point.

On n'aura donc jamais à chercher que l'angle de deux droites qui se coupent ; car, s'il en était autrement, par un point pris à volonté, on mènerait des parallèles aux deux droites données (n° 24), et l'on chercherait l'angle que font entre elles ces parallèles. Soient donc les deux droites A et B (*fig.* 102) qui se coupent au point m ; ces deux droites déterminent un plan Q dont la trace horizontale est H° ; rabattons ce plan Q sur le plan horizontal (n° 76), en choisissant, pour plus de simplicité, le nouveau plan vertical de projection passant par le point m, les droites A et B se rabattront en A' et B' et l'angle $\widehat{a m'b}$ sera l'angle demandé.

On pourrait encore chercher les côtés A' et B' de cet angle, en rabattant les plans projetant horizontalement A et B ; puis construire le triangle $am'b$ dont on connaîtrait les trois côtés, et il faudrait que les points m' et m^h se trouvassent sur une perpendiculaire à H^q. On pourrait aussi rendre le plan Q horizontal ou vertical par l'une des quatre méthodes connues (n° 76). Les figures de ces constructions sont faciles à exécuter, à l'aide de ce qui précède.

Remarquons que la droite $o'm \!=\! om$ est l'hypoténuse d'un triangle rectangle dont om^h est un côté de l'angle droit ; de sorte que l'on a $om' \!>\! om^h$ et, par conséquent, l'angle $\widehat{am'b}$ des deux droites est plus petit que l'angle $\widehat{am^hb}$ de leurs projections.

Cependant, lorsque deux droites A et B font entre elles un angle droit et que l'une d'elles B est horizontale, l'angle que font entre elles les projections A^h et B^h est droit, et dès lors égal à l'angle de l'espace ; de même, si l'une d'elles B est parallèle au plan vertical, l'angle que font entre elles A^v et B^v est droit, et dès lors égal à l'angle de l'espace. Dès lors, si, sur un plan oblique par rapport aux deux plans de projections, on mène par un point m de ce plan une horizontale H et une verticale V, puis deux lignes de plus grande pente, l'une K, par rapport au plan horizontal, et l'autre G par rapport au plan vertical, les angles (H^h, K^h) et (V^v, G^v) seront droits.

116. Problème 22. *Trouver la bissectrice de l'angle de deux droites.* On peut résoudre ce problème, en cherchant d'abord l'angle de ces droites (n° 15), puis divisant en deux parties égales l'angle rabattu formé par les droites A' et B' (*fig.* 103), la bissectrice rencontrera la trace H^q en un point qui sera évidemment la trace horizontale de la bissectrice demandée ; et comme elle doit passer d'ailleurs par le point m, elle est entièrement déterminée. Mais on peut aussi trouver cette bissectrice, sans chercher préalablement l'angle des deux droites données ; pour cela, remarquons que si l'on prend deux longueurs égales sur les droites A et B (*fig.* 104), à partir du point m, en lequel elles se coupent, on formera un triangle isocèle, et la droite, joignant le point m au milieu de la base de ce triangle, sera la bissectrice demandée.

Pour résoudre le problème présenté sous cette forme, nous ferons tourner séparément les droites données A et B autour d'un axe vertical passant par leur point d'intersection m, jusqu'à ce qu'elles soient arrivées dans les positions A' et B', où elles sont parallèles au plan vertical de projection (n° 61) ; décrivant ensuite, du centre m^v et avec un rayon quelconque, un arc de cercle coupant A'^{v} et B'^{v} en e'^v et d'^v, ramenant les points e' et d' en e et d sur A et B par des mouvements inverses autour du même axe, la droite E, menée du point e au point d, sera évidemment la base du triangle isocèle, son milieu n se projettera aux milieux n^h et n^v des projections E^h et E^v ; enfin la droite D, qui unit les points m et n, est la bissectrice demandée.

Il est essentiel de ne pas perdre de vue que les mouvements des droites données A et B sont indépendants l'un de l'autre, sans quoi elles ne deviendraient pas toutes deux parallèles au plan vertical, position à laquelle on ne les amène que pour pouvoir prendre sur chacune d'elles des longueurs égales me et md.

Si les points a' et b' sortaient l'un ou l'autre, ou tous les deux, des limites du dessin, on prendrait un plan horizontal auxiliaire coupant les droites A et B en des points p et q tels que p' et q' se trouvassent dans les limites du dessin ; ils serviraient d'ailleurs à trouver A' et B', et le reste de la construction s'achèverait comme ci-dessus (*).

Remarquons enfin que ces constructions donnent lieu à plusieurs vérifications qu'il est inutile de signaler, car elles sont évidentes si on a lu avec attention tout ce qui précède.

117 Problème 23. *Trouver les angles que fait une droite avec les plans de projection (fig. 105).* L'angle d'une droite et d'un plan est l'angle que fait cette droite avec sa projection sur le plan, donc les angles demandés seront ceux que la droite donnée D fait avec D^h et D^v ; il faut donc amener les plans projetant la droite D à se confondre avec l'un des plans de projection, ou à lui être parallèles. Pour cela on peut prendre directement ces *plans-projetants* pour nouveaux plans de projection, et l'on trouve ainsi l'angle $\widehat{bab^h} = \alpha$ que fait la droite D avec le plan horizontal et l'angle $\widehat{aba^v} = \beta$, qu'elle fait avec le plan vertical. On peut aussi faire tourner les plans projetant la droite D respectivement autour de leurs traces b, b^h ou a, a^v pour les rabattre sur le plan horizontal ou sur le plan vertical de projection, et l'on

---

(*) Dans un trapèze, les milieux des côtés parallèles, le point de concours des diagonales et le milieu des côtés non parallèles sont en ligne droite. La proposition est évidente dans un trapèze isocèle $ab'c'd$ (fig. 103 bis) ; car (désignant par o' le point en lequel se croisent les deux diagonales et par s le point en lequel se coupent les droites qui, passant par les milieux des côtés opposés, sont rectangulaires entre elles) les triangles dsb' et asc' sont égaux ; par suite les triangles aso' et $o'sb'$ sont aussi égaux : donc so' divise l'angle $\widehat{b'sa}$ en deux parties égales, et, par conséquent, so' passe par les milieux de ab' et de dc'. Mais un trapèze quelconque $abcd$ peut être considéré comme la projection orthogonale ou oblique d'un trapèze isocèle, rabattu en $ab'c'd$; les diagonales ac et bd seront les projections des diagonales ac' et $b'd$, la droite so sera la projection de so' et les points e et g seront les projections des points e' et g' ; mais ces derniers sont les milieux des côtés ab' et dc', et, dans tout système de projection cylindrique, la projection du point milieu d'une droite est le point milieu de la projection de cette droite : donc les points e et g sont les milieux des droites ab et cd.

On déduit de là un moyen de diviser une droite, un angle ou un arc de cercle en deux parties égales, et aussi d'élever une perpendiculaire sur le milieu d'une droite.

trouvera de même les angles $\widehat{ba'b^h} = \alpha$ et $\widehat{ab''a^v} = \beta$. Si les traces de la doite D ne sont pas dans les limites du dessin, on prendra deux points quelconques m et n (*fig.* 106), et l'on trouvera par des changements de plans de projection les angles $\widehat{mnk} = \alpha$ et $\widehat{lnm} = \beta$. Ou bien, par les points m et n, on abaissera des perpendiculaires respectivement sur le plan horizontal et sur le plan vertical, autour desquelles on fera tourner les plans (D, D^h) et (D, D^v) jusqu'à ce qu'ils soient parallèles au plan vertical ou au plan horizontal, et l'on aura de nouveau les angles $\widehat{m^v n'^v k^v} = \alpha$, et $\widehat{n^h m''^h l^h} = \beta$.

118. Lorsqu'une droite fait des angles égaux avec les deux plans de projection, ses projections font des angles égaux avec la ligne de terre LT, et ses traces sont également éloignées de LT. En effet (*fig.* 105), 1° les triangles abb^h et baa^v sont égaux comme ayant l'hypoténuse égale et un angle aigu égal, donc $\overline{ab^h} = ab^v$ et $bb^h = bb^h = aa^v = aa^v$, donc les triangles $aa^v b^h$ et $bb^h a^v$ sont égaux, et par conséquent on a : $\widehat{ab^h a^v} = \widehat{ba^v b^h}$.

Si la droite D rencontrait la ligne de terre, la même démonstration subsisterait, et si les projections devaient se trouver du même côté de LT, elles se confondraient (n° 17, 8°).

2° Ce cas particulier est évident, car un point quelconque de la droite D est alors à égale distance des deux plans de projection, d'où l'on déduit l'égalité des triangles analogues aux précédents. Or, on peut toujours se ramener à ce cas ; en effet, prenons, par exemple, un nouveau plan vertical parallèle à l'ancien et passant par la trace horizontale a de la droite D, laquelle rencontrera alors la ligne de terre et fera toujours des angles égaux avec les deux plans de projection, donc D^h et $D^{v'}$ font le même angle avec L'T' ; mais D^v est parallèle à $D^{v'}$, et L'T' à LT, donc D^v et D^h font le même angle avec LT.

Remarquons que D^h et D^v sont parallèles, lorsque la droite D ne traverse pas l'angle $\widehat{P.S}$. Dans le cas contraire, elles sont dans la position que l'on nomme *antiparallèles* par rapport à la ligne de terre LT.

119. PROBLÈME 24. *Trouver l'angle d'une droite et d'un plan.*

1° Cet angle étant celui que fait la droite donnée avec sa projection sur le plan donné, il faudrait résoudre, par rapport à la droite donnée, le problème résolu (n° 48) par rapport à un point, et l'on serait conduit à chercher l'angle de deux droites (n° 115). Mais nous remarquerons que cela revient à rendre le plan P horizontal ou vertical, ce que l'on peut faire de quatre manières différentes (n° 76), en supposant la droite D invariablement liée au plan, de sorte que l'on doit en trouver les projections sur tout nouveau plan de projection que l'on choisit, et aussi supposer qu'elle soit entraînée dans les mouvements de rotation effectués, en décrivant toujours le même angle que le plan. On est alors ramené à chercher l'angle d'une droite avec l'un des plans de projection (n₀ 117).

Il sera facile de suivre toutes les constructions sur la figure 107.

2° Ce problème peut aussi se résoudre d'une autre manière, car si d'un point quelconque m de la droite D, on abaisse une perpendiculaire N sur le plan P (n° 82), l'angle des droites D et N est le complément de l'angle que fait la droite D avec le plan P; on est ainsi ramené à chercher l'angle de ces deux droites D et N (n° 115), et l'on en prend le complément.

120. PROBLÈME 25. *Trouver les angles d'un plan avec les plans de projection* (*fig. 108*). L'angle de deux plans se mesure par deux perpendiculaires menées par un même point de l'intersection commune de ces deux plans et situées respectivement dans chacun des deux plans; il en résulte que si le plan donné était perpendiculaire au plan vertical, l'angle qu'il fait avec le plan horizontal serait mesuré par l'angle de sa trace verticale avec la ligne de terre; de même si le plan donné était perpendiculaire au plan horizontal, l'angle qu'il fait avec le plan vertical serait évidemment mesuré par l'angle que fait sa trace horizontale avec la ligne de terre. La solution du problème consistera donc à rendre le plan donné perpendiculaire successivement au plan horizontal et au plan vertical de projection, soit par un changement de plan (n° 52), soit par un mouvement de rotation (n° 64). On trouvera ainsi, par les deux méthodes, l'angle α que fait le plan P avec le plan horizontal et l'angle β qu'il fait avec le plan vertical. Il est inutile de développer les constructions, on les suivra facilement sur la figure.

121. Si du point A^h ou A$^{'v}$ on abaisse une normale N' sur V$^{p'}$ et une normale N'' sur H$^{p'}$, en supposant le plan vertical de projection relevé, N' sera perpendiculaire à l'axe A, et par conséquent aussi à u_ne parallèle à cet axe ou à H$^{p'}$ menée par le point r', donc elle est perpendiculaire au plan P'; même N'' est perpendiculaire à l'axe A', et par conséquent aussi à une parallèle à cet axe ou à V$^{p''}$, menée par le point s^v, donc elle est perpendiculaire au plan P''. Si l'on ramène les plans P' et P'' dans leur position initiale P, les normales N' et N'' se réuniront en une même droite perpendiculaire au plan P, donc N'=N''. Donc enfin V$^{p'}$ et V$^{p''}$ sont deux tangentes au cercle décrit du point A^h ou A$^{'v}$ comme centre, et avec N' ou N'' pour rayon.

122. Si le plan donné fait des angles égaux avec les deux plans de projection, ses traces sont également inclinées sur la ligne de terre. En effet, 1° d'un point quelconque o (*fig.* 109) de LT abaissons une perpendiculaire N sur le plan donné P, elle le rencontrera en un point b, duquel abaissant des perpendiculaires bi et bj sur les traces du plan P, nous formerons dans l'espace les deux triangles obi et obj égaux, comme ayant un côté commun et deux angles égaux chacun à chacun; donc $oi=oj$

et $\widehat{boi}{=}\widehat{boj}$, par suite $\widehat{poi}{=}\widehat{poj}$ (n⁰ 118), donc les triangles *poi* et *poj* sont égaux, et par conséquent $\widehat{poi}{=}\widehat{opj}$. Suivant que les perpendiculaires *oi* et *oj*, menées sur H' et Vʳ tomqent de côtés différents ou du même côté de LT, les traces font des angles égaux avec la même partie ou avec des parties différentes de LT, et dans le second cas elles coïncident. Si le plan donné était parallèle à la ligne de terre, ses traces seraient parallèles à LT, et situées à la même distance de cette ligne LT, de sorte qu'elles se confondraient si elles se trouvaient situées du même côté.

2° Dans le cas particulier d'un plan parallèle à la ligne de terre (*fig.* 110), il est évident que ses traces doivent être également distantes de LT, car, si dans le plan P' on mène une droite *ac* perpendiculaire à LT, elle sera perpendiculaire à la fois à H'' et à Vᵖ', par conséquent le triangle *aoc* est isocèle, donc l'on a : *ao=oc*. Cela posé : faisant tourner le plan P' autour de *ac*, jusqu'à ce qu'il vienne couper la ligne de terre en un point *p*, les triangles *aop* et *cop* seront égaux comme ayant un angle égal compris entre côtés égaux ; donc l'on a : $\widehat{apo}{=}\widehat{cop}$; le plan P fait donc des angles égaux avec les deux plans de projection.

123. PROBLÈME 26. *Par une droite donnée conduire un plan faisant un angle donné* α *avec le plan horizontal* (*fi g.* 111).

Soit D la droite donnée, les traces du plan cherché devront respectivement passer par les traces horizontale et verticale *a* et *b* de D ; cela posé, menons par le point *b* un axe vertical A et concevons que le plan P ait tourné autour de cet axe jusqu'à ce qu'il soit arrivé en la position P' perpendiculaire au plan vertical, sa trace verticale Vᵖ' ne cessera pas de passer par le point *b* et fera avec LT l'angle α ; ramenant ensuite ce plan P' à la position P qu'il doit occuper dans l'espace, le point *p*', intersection des deux traces du plan P' (ou mieux : intersection du plan P' avec la ligne de terre LT), décrira sur le plan horizontal un cercle C auquel la trace Hᵖ' reste toujours tangente pendant le mouvement de ᵣotation ; donc menant par le point *a* une tangente au cercle C, cette tangente sera Hᵖ, puis Vᵖ doit passer par *b* et rencontrer LT au même point que Hᵖ.

Si la trace Hᵖ ne rencontrait pas LT dans les limites du dessin, on trouverait un second point de Vᵖ en menant par un point quelconque de la droite D une horizontale du plan P.

Remarquons que ce problème ne peut pas être résolu par un changement de plan. Cependant si la droite donnée était la trace horizontale du plan cherché, on pourrait employer indifféremment l'une ou l'autre méthode ; car 1° prenant un axe A quelconque on amènerait le point *p* en *p*', puis on tracerait la droite Vᵖ' faisant avec LT l'angle α, ce qui ferait connaître un point *b* de Vᵖ ; 2° si l'on prenait un plan vertical perpendiculaire à H , la trace verticale V'ᵖ ferait avec L'T' l'angle α, puichangeant de plan vertical et prenant LT pour ligne de terre, on en déduirait V^r.

Si la droite donnée était la trace H^r du plan P à construire, sachant quel est l'angle 6 que ce plan fait avec le plan vertical de projection, le problème pourrait se résoudre par un mouvement de rotation, mais on ne pourrait le résoudre par la méthode du changement de plans de projection. Il est facile de faire l'épure dans ce cas en vertu de tout ce qui a été dit précédemment.

124. Supposons que la droite D ne rencontre pas les plans de projection dans les limites du dessin (*fig.* 112). Nous pouvons concevoir dans le plan cherché P une ligne de plus grande pente K menée par un point quelconque m de la droite D ; si nous la faisons tourner autour d'un axe vertical A, passant par le point m, jusqu'à ce qu'elle soit en K' parallèle au plan vertical, sa projection K'^v fera alors avec LT l'angle α, et l'on trouvera sa trace horizontale a'. En la ramenant dans sa première position, cette trace a' décrira le cercle C ; un autre point quelconque n' de K' décrira un cercle C' situé dans un plan horizontal X, coupant la droite D en un point b par lequel passe une horizontale B du plan cherché P ; cette droite est tangente au cercle C', puisqu'elle doit passer par le point n extrémité d'un rayon, et être perpendiculaire à la ligne de plus grande pente K (n° 37) ; donc enfin H^r sera une droite tangente au cercle C et parallèle à B^h. Enfin, on aura deux points x et y de la trace verticale V^r, par deux horizontales M et R du plan P, lesquelles passeront par deux points quelconques m et r de la droite D.

125. Problème 27. *Par un point donné, conduire un plan faisant un angle α avec le plan horizontal et un angle β avec le plan vertical.* Prenons un axe A (*fig.* 108) sur le plan vertical et perpendiculaire au plan horizontal et par conséquent perpendiculaire à la ligne de terre LT ; concevons que le plan cherché P ait tourné autour de cet axe jusqu'à devenir perpendiculaire au plan vertical, sa trace $V^{p'}$ fera alors avec la ligne de terre l'angle α ; on la mènera par un point quelconque p' de LT, elle fournira un point a de la trace V^r. Si l'on conçoit un second axe A' dans le plan horizontal et perpendiculaire à LT et que l'on fasse tourner le plan P autour de A' jusqu'à le rendre vertical, la trace $H^{p''}$ devra faire avec LT l'angle β. De plus, si du point A^h ou A'^v, on abaisse des perpendiculaires sur V^{r} et sur $H^{p''}$, elles sont égales (n° 121) ; donc $H^{p''}$ sera tangente au cercle décrit du centre A^h et du rayon N', puis $H^{p''}$ rencontre A' en un point a', qui appartient à la trace horizontale H^r. Si, maintenant, on ramène le plan P' dans sa position véritable, p' intersection de ses deux traces, décrira un cercle autour du point A^h, et l'on devra du point a' mener une tangente à ce cercle, ce sera la trace H^r demandée, et, par suite, on aura V^r qui doit passer par le point a ; d'ailleurs, si l'on ramenait P'' dans la position P, le point q'' intersection de ses deux traces, décrirait un arc de cercle auquel V^r doit être tangente. On aura ainsi un plan faisant les angles α et β avec les

plans horizontal et vertical de projection ; il n'y aura plus qu'à mener par le point donné un plan parallèle au plan P (n° 38), pour avoir résolu le problème proposé.

126. Problème 28. *Connaissant les traces horizontales de deux plans et les angles qu'ils font avec le plan horizontal, trouver leurs traces verticales* (*fig.* 93). Soient H^r et H^q les traces horizontales données, prenons un plan vertical de projection perpendiculaire au plan P, la trace verticale V'^r devra faire avec L'T' l'angle α ; prenons de même un plan vertical de projection perpendiculaire au plan Q, la trace verticale V''^q devra faire avec L''T'' l'angle β, il reste à rapporter les deux plans P et P au même plan vertical LT, les traces horizontales H^r et H^q ne changeront pas, et l'on trouvera les traces verticales V^p et V^q à l'aide d'une horizontale de chacun des deux plans P et Q (n° 47).

127. Problème 29. *Trouver l'angle de deux plans.* Ce problème peut être résolu ae bien des manières différentes ; nous allons en indiquer quelques-unes.

1° Nous avons appris à trouver l'angle d'un plan avec les plans de projection (n° 120). On pourra donc se ramener dans cette position particulière, soit en prenant l'un des plans donnés pour nouveau plan de projection, soit en le rabattant sur l'un des plans primitifs ; nous pourrons obtenir ce résultat par l'une des quatre méthodes connues (n° 76). Je ne fais qu'indiquer cette solution, afin qu'on s'y exerce ; nous avons déjà eu plusieurs constructions du même genre.

2° Si les deux plans donnés étaient perpendiculaires à l'un des plans de projection, leurs traces sur ce plan comprendraient évidemment entre elles un angle égal à l'angle des deux plans ; or, dans ce cas, l'intersection des deux plans est perpendiculaire au plan de projection. Pour ramener la figure dans cette position particulière, il suffira donc de rendre l'intersection des deux plans perpendiculaire à l'un des plans de projection, ce qui nécessite deux changements de plans (n° 51), ou deux mouvements de rotation (n° 63), ou bien aussi un changement de plan et un mouvement de rotation, ou enfin un mouvement de rotation et un changement de plan. Dans tous les cas, il faut d'abord connaître l'intersection des deux plans, et nous avons appris à la trouver précédemment. Cela posé, si nous voulons d'abord employer deux changements de plans (*fig.* 113), soient P et Q les plans donnés par leurs traces H^r, V^r et H^q, V^q, et I leur intersection donnée par ses projections I^h et I^v ; afin de rendre cette intersection I perpendiculaire au plan horizontal, nous prendrons d'abord pour nouveau plan vertical de projection un plan parallèle à I, et pour plus de simplicité le plan projetant horizontalement cette droite I, de sorte que L'T' ne sera autre que I^h ; et si nous cherchons la projection de l'intersection I sur ce nouveau plan, elle ne sera autre que cette intersection I elle-même, elle représentera, en même temps, V'^r et V'^q. Nous prendrons ensuite un nouveau plan horizontal perpendiculaire à cette droite I, par conséquent, L″T″ sera perpendiculaire à I. La projection de la droite I sur ce nouveau plan sera un seul point I″ de la nouvelle ligne de terre, point qui sera commun aux deux nouvelles traces H″ᴾ et H″ᵠ; il faut trouver un second point de chacune de ces deux traces, pour cela nous emploierons une verticale M du plan P, dont la trace horizontale m sur l'ancien plan L′T′ est à une distance mmᵛ' de cette ligne de terre, donc sa trace sur le nouveau plan horizontal L″T″ devra être à la même distance de la ligne de terre L″T″, et, par conséquent, en m′, et ce point appartient à H″ᵠ (n° 28). De même une verticale K du plan Q fera connaître un point k′ de H″ᵠ. Puis l'angle α formé par H″ᵠ et H″ᴾ est l'angle demandé, et ainsi celui que font entre eux les plans P et Q.

3° On peut remplacer l'un des changements de plans de projection par un mouvement de rotation; par exemple, le second (*fig.* 114); dans ce cas, après avoir trouvé la droite I avec laquelle coïncident les traces Vʳᴾ et Vʳᵠ, il faut faire tourner le système autour d'un axe A perpendiculaire au plan vertical, jusqu'à ce que I soit devenue verticale; si l'on conçoit une verticale M du plan P et une verticale K du plan Q, pendant la rotation, ces verticales restent toujours à la même distance du plan vertical de projection et leurs projections verticales conservent aussi toujours la même distance à I (n° 56, 3°); nous prendrons dans notre figure, l'axe A passant par le pied m de M, ce point appartiendra donc toujours à la trace horizontale du plan P; abaissant la droite $\overline{A^{v}y}$ perpendiculairement sur I, y viendra en y′, et ce point y′ sera, en même temps, Iʰ; joignant les points I′ʰ et m, on aura Hᴾ'. De même, la verticale K viendra en K′ et fera connaître un point K′ʰ ou x′ʰ de Hᵠ', qui doit aussi passer par le point I′ʰ ou y′.

Enfin l'angle des droites Hᴾ' et Hᵠ' est égal à l'angle cherché, qui est celui que font entre eux les deux plans P et Q.

4° On pourrait remplacer au contraire le premier changement du plan de projection par un mouvement de rotation, mais je ne trace pas l'*épure* de ce cas, car elle sera facile à exécuter d'après ce qui a été dit ci-dessus.

5° Enfin pour résoudre le problème par deux mouvements de rotation (*fig.* 115), nous exécuterons ce qui suit : par un premier mouvement autour d'un axe vertical A, que nous choisissons ici passant par la trace verticale b de l'intersection I des deux plans P et Q, nous rendrons cette intersection I parallèle au plan vertical. La droite I se transporte sur le plan vertical défini par la ligne de terre LT en faisant décrire à cette droite I, et autour de l'axe A un angle $\widehat{aA^{h}a'} = \varphi$, tous les points des plans P et Q devront décrire des angles égaux à φ; les traces Vᴾ' et Vᵠ' se confondent avec I' déterminée par les points a' et b; Hᴾ' et Hᵠ' doivent passer par le point a'; pour en avoir un second point, nous pouvons abaisser les perpendiculaires $\overline{A^h p}$ et $\overline{A^h q}$ sur H^p, puis chercher les nouvelles positions des points p et q ; nous trouverons ainsi le point q', en prenant l'arc qq' égal à l'arc oo' sur le cercle D décrit du point A^h comme centre et avec $\overline{A^h q}$ pour rayon, cet arc : $oo' = $ arc : qq' mesurant sur le cercle C un angle égal à φ, et l'on aura H$^{q'}$. Le point p étant sur notre figure très-voisin du point a', les rayons $\overline{A^h a}$ et $\overline{A^h p}$ sont presque égaux, d'où il résulte qu'il serait difficile de fixer la position du point p, mais alors du centre A^h et avec un rayon quelconque plus grand que $\overline{A^h p}$, nous décrirons un arc de cercle C coupant H^p en c et I^h en γ, nous aurons la position du point c après la rotation en prenant $cc' = \gamma\gamma$, et la trace H$^{p'}$ devra passer par les points a' et c'.

Faisons maintenant tourner le système autour d'un axe B perpendiculaire au plan vertical jusqu'à ce que l'intersection I' soit devenue verticale, nous simplifierons la figure en faisant passer cet axe par le point a', la droite I' viendra en I$''$ après avoir décrit autour de l'axe B un angle ψ que devront décrire aussi tous les points des plans P' et Q' ; les traces verticales V$^{p''}$ et V$^{q''}$ coïncident encore avec I$''$. Pour avoir H$^{p''}$ et H$^{q''}$ nous emploierons une verticale de chacun de ces deux plans ; soient M' une verticale du plan P' et K' une verticale du plan Q', du centre B^v et d'un rayon quelconque décrivons un cercle C', qui coupe M$'^v$ en m'^v et K$'^v$ en k'^v ; cela fait, nous prendrons les projections horizontales m'^h et k'^h des points m' et k', celui-ci étant par hypothèse la trace horizontale de la droite K', puis prenons les arcs $m'^v m'' = k'^v k''^v = \lambda' \lambda''$ et nous aurons en m''^v et k''^v les nouvelles projections verticales des points m' et k' ; nous en conclurons leurs projections horizontales m''^h et k''^h, qui sont en même temps les projections M$''^h$ et K$''^h$ des verticales des plans ; nous n'avons pas écrit cette dernière notation sur la figure pour ne pas la compliquer sans nécessité. Les deux plans P$''$ et Q$''$ étant actuellement verticaux, leurs traces horizontales H$^{p''}$ et H$^{q''}$ devront passer respectivement par les points m''^h et k''^h, elles doivent aussi passer par le point a' ; elles sont donc déterminées. Enfin les traces H$^{p''}$ et H$^{q''}$ comprennent entre elles un angle α qui mesure l'angle cherché, c'est-à-dire celui que font entre eux les plans P et Q.

6° L'angle de deux plans est donné par deux perpendiculaires menées à ces plans par un même point de leur intersection I, ces deux normales sont dans un plan X (*fig.* 116) perpendiculaire à I. Ce plan X étant arbitraire, nous mènerons H^x perpendiculaire en un point quelconque de I^h, cette trace H^x coupe H^p et H^q en des points x et y qui sont les traces des droites dont l'angle mesure celui des plans P et Q ; pour appliquer ici la méthode ordinaire (n° 115) nous prendrons I^h pour ligne de terre L'T' et nous chercherons la droite I sur ce plan vertical de projection, puis remarquant que V$'^x$ doit être perpendiculaire à I, nous obtiendrons ainsi le sommet s de l'angle α demandé ; nous rabattons ce sommet s sur le plan horizontal en s' et l'angle cherché sera $xs'y$. Au lieu de trouver le sommet s par un changement de plan, on l'obtient aussi par un mouvement de rotation, en rabattant le plan vertical $L'T'$ autour de sa trace verticale $b^t{}^h$, alors le point a vient en a', le point o en o', l'intersection I en I' et la perpendiculaire os en $o's'$, on fait ensuite $o'\,\sigma = o's$ puis $b^hs' = b^h\sigma$, on retrouve le point s', et l'on construit l'angle $\widehat{xs'y}$ qui est l'angle demandé.

Si l'on compare cette dernière solution avec celle donnée par les auteurs des divers traités de géométrie descriptive publiés jusqu'à ce jour, on verra qu'elle est identiquement la même, mais aussi on reconnaîtra que l'emploi de nos méthodes en simplifie considérablement l'explication, et la rend par conséquent beaucoup plus facile à saisir.

Il est bon de remarquer que la droite $os = os' = os's''$ est un côté de l'angle droit d'un triangle rectangle osa ou $o's''a'$ dont la droite $oa = o'a'$ est l'hypoténuse, le point s est toujours entre les doints o et a et par suite on a toujours $\widehat{xs'y} < \widehat{xay}$.

7° Par la méthode précédente nous voyons que l'angle cherché est donné par le triangle xsy dont on connaît un côté xy, on pourrait chercher les deux autres côtés en rabattant les plans P et Q sur le plan horizontal ; et rapportant sur les rabattements, 1° l'intersection I, et 2° les perpendiculaires menées sur cette intersection I par les points x et y ; on aurait alors à construire un triangle dont on connaîtrait les trois côtés, et l'on devrait remarquer que les arcs de cercle décrits des points x et y comme centres et avec les deux côtés trouvés pour rayons doivent se couper en un point situé sur I^h. Nous aurons l'occasion de donner complétement cette construction en résolvant un autre problème.

8° Lorsque deux plans se coupent, ils forment quatre angles deux à deux opposés par le sommet et dont deux aigus sont égaux entre eux, et deux obtus sont aussi égaux entre eux ; l'angle aigu est celui qu'on nomme l'angle des deux plans à moins que l'on ne fixe le sens vers lequel cet angle doit être compté. Cela posé, si d'un point quelconque on abaisse des perpendiculaires sur les deux plans, ces perpendiculaires forment aussi entre elles deux angles aigus et deux angles obtus, respectivement opposés par le sommet et qui sont respectivement égaux aux angles de même espèce compris entre les plans. On pourra donc trouver l'angle de deux plans en abaissant d'un même point de l'espace des perpendiculaires sur les deux plans proposés (n 82), puis chercher l'angle de ces deux normales (n° 115). En général si d'un point pris dans l'intérieur d'un angle dièdre, on abaisse des perpendiculaires sur les faces de cet angle, ces droites comprennent entre elles un angle supplémentaire de l'angle dièdre.

Cette dernière méthode n'exige pas que l'on connaisse l'intersection des deux plans, ce qui est quelquefois très-avantageux, car il peut arriver que la détermina'ion des projections de cette droite d'intersection exige des constructions très-compliquées comme nous l'avons vu dans quelques cas.

128. PROBLÈME 30. *Diviser l'angle de deux plans* P *et* Q *et en deux parties égales* (*fig.* 116). Si l'on suppose que le plan bissecteur S existe, il sera coupé par le plan X perpendiculaire à la droite I intersection des deux plans donnés P et Q suivant une droite sz perpendiculaire à I et au point s, ayant sa trace horizontale située sur H^x, et divisant l'angle α ou $\widehat{xsy}$ en deux parties égales. Il résulte de là qu'après avoir trouvé l'angle rabattu $\widehat{xs'y}$ (n° 127, 6°), il faut le diviser en deux parties égales par une droite coupant II^x en un point z, par lequel et par le point a doit passer la trace horizontale H^s du plan bissecteur cherché S, puis sa trace verticale V^s doit passer par le point b.

2° Si nous rabattons les plans P et Q (*fig.* 171) sur le plan horizontal par la seconde méthode connue (n° 76), en les faisant respectivement tourner autour de leur trace horizontale, leur intersection I viendra se placer respectivement en I' et en I''; si dans chacun des deux plans P et Q on conçoit une droite A sur P et B sur Q également distantes de I, après le rabattement du plan P, la droite A (située dans ce plan) sera en A' parallèle à I'; de même, après le rabattement du plan Q, la droite B (située dans ce plan) sera en B'' parallèle en I''; les droites A' et B'' coupent respectivement les traces H^p et H^q en x et en y, de sorte que xy sera la trace horizontale du plan (A, B); si l'on divise xy en deux parties égales au point z, ce point z et le point a appartiendront à la trace horizontale H^s du plan bissecteur S, qui contient en outre une parallèle à I menée par le point z. Cette solution a, comme on voit, beaucoup d'analogie avec celle que nous avons donnée (n° 116) pour trouver la bissectrice de l'angle de deux droites, sans chercher cet angle; les points e et d, situés sur les deux droites à égale distance de leur point d'intersection m (n° 116), sont remplacés ici par les droites A et B situées par les deux plans et à égale distance de leur intersection I; et le point n, milieu de la droite ed, est ici remplacé par une droite située sur le plan (A, B), et située à égale distance des deux droites A et B.

On pourrait encore remplacer les droites A et B parallèles à I par deux droites également inclinées sur I et la rencontrant en un même point; la bissectrice de l'angle de ces droites et l'intersection I, détermineraient le plan bissecteur. Le cas de deux plans parallèles n'est évidemment qu'un cas particulier de celui-ci.

3° Les normales aux deux plans donnés P et Q (n° 127, 2°) peuvent partir d'un point i de l'intersection I de ces deux plans; et si l'on conçoit le plan bissecteur, et que par ce même point i on lui élève aussi une normale, elle divisera en deux par—

ties égales l'angle des normales menées aux deux premiers plans P et Q par le point i; donc si nous cherchons la bissectrice de l'angle de ces deux normales (n° 145), cette bissectrice et l'intersection I des plans donnés détermineront le plan bissecteur demandé. Remarquons que le problème actuel ne peut se résoudre qu'autant que l'on connaît l'intersection I des deux plans donnés P et Q.

129. Nous terminerons cette série de questions par deux problèmes dont la solution se déduit immédiatement de celle donnée pour trouver l'angle de deux plans (n° 127, 6°).

PROBLÈME 31. *Étant données les traces horizontales H^P et H^Q de deux plans P et Q, faisant entre eux un angle donné α, et la projection horizontale de leur intersection I, trouver leurs traces verticales V^P et V^Q* (fig. 116). Menant H^x perpendiculaire à I^h, elle coupe H^P et H^Q aux points x et y; pour avoir s', il faut sur xy décrire un segment capable de l'angle α, il coupera I^h au point s', décrivant un cercle C du centre o et du rayon os', menant du point a une tangente I à ce cercle, élevant bb perpendiculaire sur I^h, et prenant $b^h b = b^h b$, nous obtiendrons le point b où se croisent les traces V^P et V^Q. Il est évident que l'angle α ne doit pas être moindre que l'angle $\widehat{xay}$; s'il lui était égal, les deux plans seraient verticaux. On voit aussi qu'il y a deux solutions, puisque, du point a on peut mener deux tangentes au cercle C.

130. PROBLÈME 32. *Par une droite I, située sur un plan donné P, conduire un plan Q faisant avec le plan P un angle α* (fig. 116). Menons encore H^x perpendiculaire à I^h, déterminons I sur le plan vertical $L'T'$, abaissons os perpendiculaire sur I, prenons $os' = os$, menons xs' puis ys' faisant avec xs' l'angle α, le point y appartiendra à H^Q qui doit aussi passer par a, puis V^Q sera conduit de q à b. On aura encore deux solutions, car on peut mener ys' de part et d'autre de xs'.

Des plus courtes distances.

131. PROBLÈME 33. *Trouver la plus courte distance d'un point à un autre point.* Elle est mesurée par la droite qui unit ces deux points, on est donc conduit à trouver la véritable longueur d'une portion de droite comprise entre deux points déterminés ; or, 1° la projection verticale serait égale à la droite de l'espace, si celle-ci était parallèle au plan vertical (n° 56, 1°), c'est pourquoi nous prendrons un nouveau plan vertical parallèle à la droite, et, pour plus de simplicité, nous choisirons le plan qui projette horizontalement cette droite ; alors la ligne de terre $L'T'$ (fig. 106) ne sera autre que la projection horizontale D^h de la droite D ; élevant donc sur cette ligne des perpendiculaires $m^h m = om^v$ et $n^h n = pn^v$, et joignant mn, nous aurons la droite D demandée. Si par le point n on mène nk parallèle à la projection horizon-

tale D^h on forme un triangle rectangle mnk, dont les côtés sont respectivement égaux, savoir : nk à la projection horizontale $m^h n^h$, mk à la différence de hauteur des points m et n, au-dessus du plan horizontal ou à ($om — pn^v$) (n° 5, 1°), et dont l'hypoténuse est la longueur de la droite cherchée. De là on conclut une opération graphique très-simple pour construire la droite demandée.

2° La droite D serait donnée en véritable grandeur par sa projection horizontale si elle était parallèle au plan horizontal, nous pouvons donc aussi changer de plan horizontal de projection pour le prendre parallèle à D, et pour plus de simplicité nous prendrons encore pour nouveau plan horizontal de projection le plan projetant verticalement cette droite D ; la ligne de terre $L''T''$ est alors confondue avec D^v, et nous devons prendre, sur des perpendiculaires à cette ligne, $m^v m = om^h$ et $n^v n = pn^h$. En menant $\underline{ml}$ parallèle à D^v nous formons un triangle rectangle mnl, dont l'hypoténuse est encore la longueur de la droite D, et dont les côtés de l'angle droit sont respectivement égaux, savoir : $\underline{ml}$ à la projection verticale $m^v n^v$, et nl à la différence des distances des points m et n au plan vertical ou à ($pn^h — om_h$) (n° 5, 2°).

3° Au lieu de rendre la droite D parallèle au plan vertical en changeant de plan vertical de projection, on peut faire tourner cette droite D autour d'un axe vertical A jusqu'à ce qu'elle ait atteint cette position (n° 61). Pour plus de simplicité nous choisirons l'axe A passant par l'un des points donnés, par le point m, par exemple, la droite viendra alors en D', et sa véritable grandeur sera donnée par sa projection D'_v.

4° Enfin, on pourra ramener la droite D à être parallèle au plan horizontal, en la faisant tourner autour d'un axe A', perpendiculaire au plan vertical, et que nous choisirons, pour plus de simplicité, passant par le point n ; la droite D viendra prendre la position D'', et sera donnée en vraie grandeur par sa projection horizontale D''^h.

Si l'on emploie sur la même figure les quatres méthodes précédentes, on doit évidemment avoir :

$$mn = mn = m^v n'^v = n^h m''^h.$$

132. Problème 34. Trouver la distance des traces d'une droite. Ce problème ne diffère en rien du précédent ; il suffit de prendre les traces a et b de la droite, au lieu de deux points quelconques m et n de cette droite. On le résoudra donc par les mêmes méthodes.

1° Prenant D^h (fig. 105) pour nouvelle ligne de terre $L'T'$, nous trouverons la droite D située sur le nouveau plan vertical défini par cette ligne de terre L'T'; le point a appartient par conséquent à cette droite.

2° Changeant de plan horizontal et prenant D" pour nouvelle ligne de terre L"T", nous trouverons D.

3° Si l'on fait tourner la droite D autour de l'axe A, elle viendra prendre la position D'.

4° Enfin, si on la fait tourner autour de l'axe A', elle viendra prendre la position D".

Il est évident que l'on doit avoir :

$$ab = ab = a'b = ab'',$$

ces quatre lignes représentant également la longueur de la droite D située dans l'espace.

133. PROBLÈME 35. *D'un point m situé sur un plan donné* P, *mener à la trace horizontale de ce plan une droite de longueur donnée.* On donne (*fig.* 118) la projection horizontale m^v du point m, on en conclut sa projection verticale m (n° 29), en faisant passer par ce point une horizontale K du plan P. Cela fait : 1° Concevons la droite D placée sur le plan P, et faisons-la tourner autour d'un axe vertical A, jusqu'à ce qu'elle soit parallèle au plan vertical de projection, elle se projettera sur ce plan dans sa véritable longueur l (n° 56, 1°), et, dans le retour, sa projection horizontale conservant toujours la même longueur, et devant se terminer sur H^v, le point o où le cercle C rencontre H^p est un point de la droite dont la position se trouve ainsi déterminée. Il y a une seconde solution en b. Il n'y aurait qu'une solution, si le cercle C était tangent à H^r. Le problème serait impossible, si la droite A^h était plus courte que la perpendiculaire abaissée du point A^h sur H^r.

2° Il pourrait arriver (*fig.* 119) que la droite l, menée de m^v, ne pût rencontrer LT qu'au delà des limites du dessin ; dans ce cas nous remarquerons qu'on peut diviser la droite D en parties égales, et, si des points de division, on conçoit des plans horizontaux (qui seront équidistants), ces plans couperont la partie de l'axe A comprise entre les points m et le plan horizontal de projection en un même nombre de parties égales, et le plan P suivant des horizontales équidistantes. Divisons, par exemple, la hauteur du point m au-dessus du plan horizontal de projection en deux parties égales, menons un plan horizontal X, qui coupe le plan P suivant l'horizontale R, et achevons par rapport à cette horizontale la construction effectuée ci-dessus par rapport à la ligne de terre, en portant seulement ½ l du point m^v à la projection verticale R^v de l'horizontale, nous obtiendrons les deux droites D et B, qui satisfont toutes deux à la question

3° Enfin, on peut résoudre la même question, en rabattant le plan P (*fig.* 120) sur le plan horizontal, ou en le prenant pour l'un des plans de projection, et cela par l'une des quatre méthodes connues (n° 76); nous n'exécuterons ici que la seconde ; il sera facile de tracer les *épures* des trois autres. Le point m vient se ra—battre en m', décrivant de ce point comme centre et avec un rayon égal à l un arc de cercle qui coupe H^v en x et y, joignant ces points x et y avec m^h, on aura les projections horizontales B^h et D^h des droites B et D qui satisfont à la question, on en conclut facilement leurs projections verticales (n° 28).

134. On résoudrait ainsi la question suivante, savoir : *Mener du point* m *à une droite donnée de position une droite de longueur donnée* ; car il suffirait de faire passer un plan par la droite donnée et par le point m, de rabattre ce plan, d'y rapporter le point m et la droite donnée, de construire la droite demandée sur ce plan rabattu et de revenir ensuite aux projections de cette droite.

Enfin, on résoudrait de la même manière le problème : *Mener par un point donné* m *une droite qui fasse un angle donné avec la trace horizontale ou toute autre droite du plan* P.

135. PROBLÈME 36. *Trouver la plus courte distance d'un point à une droite.* C'est construire la perpendiculaire abaissée du point sur la droite.

1° On pourra donc résoudre ce problème, en faisant passer un plan P par la droite donnée D et le point donné m', rabattant le plan P sur le plan horizontal (n° 76), puis abaissant de m' une perpendiculaire N' sur D', on aura la distance demandée ; si l'on veut avoir les projections de N' sur les plans primitifs, on reportera le point x', intersection de N' et D', en x sur D et par un mouvement en sens contraire de rabattement.

2° Au lieu de rabattre le plan (D,m) (*fig.* 121) sur le plan horizontal, on peut le faire tourner autour de l'une de ses horizontales A jusqu'à ce qu'il soit devenu horizontal ; nous ferons passer l'horizontale par le point m, donc A^v passera par m^v et sera parallèle à LT, elle rencontrera D^v en un point b^v, d'où l'on conclut b^h et par suite A^h. Pour faire tourner le plan (D,m) autour de A comme axe, il faut d'abord prendre un nouveau plan vertical de projection L'T' perpendiculaire à cet axe (n° 73), nous trouverons sur ce plan les projections $m^{v'}$ et $D^{v'}$; il est visible que les points m^v et $b^{v'}$ coïncideront avec le point $A^{v'}$, projection verticale de l'axe ; on voit aussi que la droite $aa^{v'}$ sera la trace horizontale H^v du plan P. Faisant ensuite tourner la droite D jusqu'à ce qu'elle soit devenue horizontale, le point b restera invariable, la projection verticale devra être parallèle à L'T' et passer par $b^{v'}$. Pour avoir la projection horizontale, nous prendrons sur D un point quelconque n, qui, pendant la rotation, décrira un cercle C et viendra se placer après la rotation en n' ; joignant n'^h avec b^h nous aurons D'^h. Si, maintenant, on abaisse de m^h une perpendiculaire N′ sur D′ʰ, elle donnera en vraie longueur la distance du point m à la droite D ; si l'on veut avoir les projections sur les plans primitifs de la plus courte distance, nous remarquerons que la perpendiculaire N′ rencontre D′ʰ en un point x'^h, d'où l'on conclut x^h par une parallèle à L′T′, puis on aura x^v ; et joignant les projections du point x à celles du point m, nous aurons en $m^h x^h$ et en $m^v x^v$ les projections de la plus courte distance N, dont on a la véritable grandeur en N′ $= \overline{m'^h x'^h}$.

Remarquons que, si l'on prend sur le plan vertical L′T′ les projections $x'^{v'}$ et $x^{v'}$ des points x' et x, on doit avoir, comme vérifications de l'exactitude de la figure ;

$$ m^{v'} x'^{v'} = m^{v'} x^{v'} \ \text{et}\ i x v' = i x^v . $$

3° On peut résoudre aussi ce problème par deux changements de plans, ou deux mouvements de rotation ; pour cela remarquons que si la droite D (*fig.* 122) était perpendiculaire au plan horizontal, la normale N serait horizontale, et par conséquent égale à sa projection horizontale (n° 56, 1°) ; il faut donc la ramener dans cette position particulière. On y parviendra en prenant d'abord un plan vertical parallèle à D ou passant par cette droite, puis un plan horizontal perpendiculaire à D ; N^{h′} sera la distance demandée. Pour revenir ensuite aux projections de la droite N sur les plans primitifs, on remarquera que N^{v′} doit être parallèle à L″T″, elle rencontre D en un point x, dont on trouve de suite la projection horizontale x^h, on en conclut x^v d'où résultent N^h et N^v. On exécutera facilement la figure ou *épure* en employant 1° deux mouvements de rotation ou 2° un mouvement de rotation et un changement de plan de projection.

4° Après avoir changé de plan vertical de projection, pour rendre la droite D parallèle à ce nouveau plan, nous pouvons remarquer que la normale N et la droite D étant perpendiculaires entre elles dans l'espace, et l'une d'elles D étant parallèle au plan vertical L′T′, leurs projections verticales N^{v′} et D^{v′} doivent être perpendiculaires entre elles ; nous mènerons donc par le point $m^{v′}$ une perpendiculaire sur D, ce sera N^{v′}, elle rencontre D en un point x dont nous construisons la projection horizontale x^h sur D^h, puis la projection verticale x^v sur D″, et joignant x^h avec m^h, x^v avec m^v, nous aurons les projections N^h et N^v de la plus courte distance demandée. Il reste à en trouver la vraie longueur, ce qui est facile en vertu de ce qui a été dit (n° 131).

5° La perpendiculaire abaissée du point m sur la droite D (*fig.* 123) est située sur un plan P perpendiculaire à D, et passant par le point m ; nous construirons donc ce plan (n° 83). Cherchant ensuite l'intersection x de la droite D et du plan P au moyen d'un plan auxiliaire X (n° 110), et joignant xm, nous aurons la droite demandée, dont nous trouverons la véritable grandeur en N′^{v} (n° 131 3°).

On pourrait faire passer le plan auxiliaire X par le point m, son intersection N avec le plan P ne serait autre que la droite demandée, dont la portion xm, est la distance du point m à la droite D. On construirait ensuite la véritable grandeur de cette distance en N'^h. Si les traces du plan auxiliaire X ne sont pas dans les limites du dessin, on le considérera comme donné par les droites D et D', et l'on cherchera son intersection avec le plan P (n° 111).

136. Problème 37. *Trouver la plus courte distance d'un point à un plan.* 1° Cette distance est mesurée par une perpendiculaire N, abaissée du point donné m sur le plan donné P ; or, les projections N^h et N^v sont respectivement perpendiculaires à H^r et à V^r (n° 81) ; elles sont donc connues. Cherchant l'intersection x de la normale N et du plan P (n° 119), la portion mx de cette droite exprimera la distance demandée. On exécutera facilement la figure.

2° Si le plan P était perpendiculaire au plan vertical, le point x aurait sa projection verticale x^v sur V^r (n° 56, 2°), de plus la normale N serait parallèle au plan vertical, et par conséquent égale à sa projection verticale N^v, c'est pourquoi nous nous ramènerons à ce cas particulier par un changement de plan vertical de projection comme on peut le lire facilement sur la *fig.* (124).

3° On pourrait aussi employer à cet effet un mouvement de rotation comme le représente la *fig.* 125, dans laquelle pour simplifier les constructions nous avons fait passer l'axe A par le point donné m. En revenant aux projections primitives, on trouve séparément x^h et x^v, ces deux points doivent donc être sur une même perpendiculaire à LT (n° 8) ; ce qui sert à vérifier l'exactitude des constructions.

137. Problème 38. *Trouver la plus courte distance de deux droites non situées dans le même plan.* Si l'une des droites A (*fig.* 126) était perpendiculaire au plan horizontal, la plus courte distance N serait horizontale et par conséquent égale à N^h. De plus N^h sera dans ce cas perpendiculaire à B^h projection horizontale de la seconde droite donnée B, puisque N est perpendiculaire au plan vertical Y passant par la droite B dont la projection B^h est en même temps la trace horizontale H^r ; on obtiendra donc facilement cette plus courte distance.

On peut se ramener à ce cas particulier par plusieurs opérations : 1° par deux changements de plan de projection ;

2° Par un changement de plan et un mouvement de rotation ;

3° Par un mouvement de rotation et un changement de plan de projection ;

4° Par deux mouvements de rotation ;

Nous allons les exposer successivement.

1° Soient A et B (*fig.* 127) les deux droites dont on cherche la plus courte distance ; pour ramener la droite A dans la position précédente, il faut choisir un nouveau plan horizontal perpendiculaire à A ; mais ce plan ne serait pas perpendiculaire au plan vertical (*primitif*) de projection, c'est pourquoi il faut prendre d'abord un nouveau plan vertical de projection parallèle à cette même droite A ; pour plus de simplicité, nous choisirons son plan projetant, alors L'T' coïncidera avec A^h ; nous en déduirons les projections verticales $\underline{A}$ et B^v (n° 46). Nous prendrons ensuite un nouveau plan horizontal de projection perpendiculaire à $\underline{A}$, en menant L"T" perpendiculaire à $\underline{A}$, nous trouverons $A^{h''}$ et $B^{h''}$; puis abaissant de $A^{h''}$ la perpendiculaire $N^{h''}$ et $B^{h''}$, ce sera la plus courte distance demandée ; elle se termine sur A et B aux points y et x, dont on trouvera successivement les projections $y^{h''}$ et $x^{h''}$, $y^{h'}$ et $x^{v'}$, y^h et x^h, enfin y^v et x^v. Par suite on aura N^h et N .

2° Après avoir changé comme ci-dessus de plan vertical de projection on peut faire tourner le système autour d'un axe perpendiculaire à ce nouveau plan vertical, jusqu'à ce que la droite A soit devenue perpendiculaire au plan horizontal qui ne change pas. Pour cela il conviendra de mener l'axe de rotation par un point de la droite A ; cette droite étant venue dans sa nouvelle position A' après avoir décrit l'angle α, il faut faire tourner la droite B du même angle α (n° 61) pour l'amener en B' ; la perpendiculaire N'^h abaissée du point A' sur la droite B'^h sera la plus courte distance demandée ; remarquons que N'^v est parallèle à L'T' ; ayant obtenu les points x' et y' en lesquels la plus courte distance N' coupe B' et A', on ramènera ces points sur les droites B et A, en x et y, ce qui donnera les projections N^h et N^v de la plus courte distance N.

3° Si nous faisons tourner les droites A et B autour d'un axe vertical coupant A, jusqu'à ce que cette droite A soit venue dans une position A' parallèle au plan vertical de projection, elle aura décrit un angle α ; faisant donc décrire à la droite B le même angle, elle viendra prendre une position B' (n° 59). Si ensuite nous choisissons un nouveau plan horizontal de projection perpendiculaire à A, la nouvelle ligne de terre L'T' devra être perpendiculaire à A'^v, la projection horizontale de la droite A' sera en un seul point $A'^{h'}$; nous trouverons aussi $B'^{h'}$ (n° 46). La plus courte distance demandée sera donc la perpendiculaire $N'^{h'}$, abaissée du point $A'^{h'}$ sur la droite $B'^{h'}$. Nous reviendrons comme précédemment aux projections N^h et N^v de la plus courte distance N.

4° Pour résoudre le problème par deux mouvements de rotation, nous ferons d'abord tourner le système des droites A et B autour d'un axe vertical, comme dans le cas précédent pour les amener en les positions A' et B' ; puis nous ferons tourner le système des droites A' et B' autour d'un axe perpendiculaire au plan vertical, comme dans le quatrième cas.

Il est évident qu'on pourrait également ramener la droite A à être perpendicu-

laire au plan vertical, en la rendant d'abord parallèle au plan horizontal. Il sera facile d'exécuter les figures de tous ces cas.

5° On peut encore résoudre directement le problème de la plus courte distance
entre deux droites, sans changer la position où elles ont été données et en conservant les plans primitifs de projection. Pour cela, rappelons d'abord que l'on dé-
montre, en géométrie élémentaire, qu'on peut toujours mener une perpendiculaire
commune à deux droites A et B (*fig.* 128) non situées dans un même plan, qu'on
n'en peut mener qu'une, et que cette perpendiculaire est la droite la plus courte
qui joigne un point de A à un point de B. On a vu que la construction consiste à
mener par un point *m* de B une droite A′ parallèle à A ; à faire passer par A′ et B
un plan qui est parallèle à A ; à abaisser par un point quelconque *n* de A une perpendiculaire K sur ce plan (B,A′) ; à faire passer un second plan par les droites A
et K ; à chercher l'intersection I des plans (B,A′) et (A,K) ; enfin à mener par le
point *x*, intersection de I et B, une droite N parallèle à K et rencontrant A en un
point *y*; cette droite N mesure la plus courte distance demandée. Ce sont toutes ces
constructions qu'il faut exécuter par le secours des projections.

Soient A et B (*fig.* 129) les droites données, prenons un point quelconque *m* sur
B et par ce point menons une droite A′ parallèle à A ; A′ʰ sera parallèle à Aʰ, et
A′ᵛ sera parallèle à Aᵛ ; faisons passer un plan Ṗ par A′ et B, Hᴾ passera par les traces
horizontales *a*′ et *b*′ de ces droites, et Vᴾ passera par leurs traces verticales α et β ;
prenons ensuite un point quelconque *n* sur A et de ce point abaissons une perpendiculaire K sur le plan P ; Kʰ sera perpendiculaire à Hᴾ et Kᵛ sera perpendiculaire
à Vᴾ ; faisons passer un plan Q par les droites K et A, Hᵠ passera par leurs traces
horizontales *k* et *a*, et Vᵠ par la trace verticale ·α et par le point où Hᵠ rencontre
LT ; les traces de l'intersection I de ces plans P et Q sont en *p* et *q* ; cette droite I est
donc connue, et comme elle est parallèle à A, il faut, si les opérations graphiques
sont exactes, que Iʰ soit parallèle à Aʰ et Iᵛ à Aᵛ ; enfin cette intersection I coupe B en
un point *x*, d'où l'on mènera la droite N parallèle à K jusqu'à sa rencontre *y* avec A ;
et l'on aura en N la plus courte distance demandée. Nous aurons la véritable longueur de cette plus courte distance N en la faisant tourner autour d'un axe vertical
passant par le point *y*, jusqu'à ce qu'elle soit venue dans la position N′ parallèle au
plan vertical de projection, de sorte que sa vraie longueur sera donnée par N′ᵛ.

La construction générale précédente n'est pas toujours possible, car il peut
arriver que les traces du plan P n'aient aucun point dans les limites du dessin,
mais comme on n'en a besoin que pour mener la normale K au plan P, on peut
substituer à Hᴾ une horizontale quelconque que l'on obtient en coupant le système
des droites A et B par un plan horizontal, et pareillement on peut substituer à
Vᴾ une verticale du plan P que l'on obtient de même en coupant le système de ces

droites par un plan parallèle au plan vertical. On peut aussi considérer le plan Q comme suffisamment donné par les droites A et K.

Mais il pourrait arriver que la normale commune sortît des limites du dessin, on ne pourrait alors la trouver qu'en se ramenant au cas particulier considéré dans les premières solutions données ci-avant ; de plus, par les quatre méthodes que nous avons exposées tout d'abord, on pourra trouver la plus courte distance des deux droites, tant que les projections de cette plus courte distance ne sortiront pas des limites du dessin, car on peut choisir les nouveaux plans de projection ou les axes de rotation de manière que les projections des droites A et B soient reportées aux extrémités de la feuille de dessin.

Ces méthodes sont encore préférables sous le point de vue graphique, en ce que, dans les changements de plans, on n'a que des ouvertures de compas à porter et des perpendiculaires aux lignes de terre à tracer ; et dans les mouvements de rotation, les lignes que l'on doit construire se coupent toujours sous des angles droits (*).

138. PROBLÈME 39. *Étant données une droite A, la projection horizontale B^h d'une seconde droite B, et celle N^h de la plus courte distance N entre A et B, trouver les projections verticales B^v et N^v des droites B et N, et la vraie grandeur de la droite N.* La plus courte distance devant être perpendiculaire à la droite A, qu'elle rencontre en un point x connu, nous déterminerons N^v par la méthode exposée précédemment (n° 86), puis cette même droite N devant aussi être perpendiculaire à la droite B, qu'elle rencontre au point y actuellement déterminé, la même méthode nous fera trouver B^v. Enfin, connaissant les extrémités x et y de la plus courte distance N entre les droites A et B, nous en conclurons sa véritable grandeur (n° 131).

139. PROBLÈME 40. *Étant données, une droite A, la projection horizontale B^h d'une seconde droite B, la vraie longueur de la plus courte distance N entre les deux droites A et B, ainsi que le point x où elle rencontre la droite donnée A, trouver la projection verticale B^v de la droite B, et les deux projections de la plus courte distance N (fig. 130).* La droite N devant être perpendiculaire à A sera située dans un plan P, mené par le point x perpendiculairement à cette droite A (n° 85) ; si nous rabattons ce plan P sur le plan horizontal, le point x viendra en x', et la droite N sera l'un des rayons d'une circonférence de cercle C' décrite du point x' comme centre et avec un rayon égal à la longueur donnée de la droite N. Si, en supposant la droite N entraînée dans le mouvement du plan P, on connaissait la position qu'elle occupe actuellement, sa nouvelle trace horizontale devrait se trouver sur le cercle C', et ferait connaître la position de la droite N' ; on aurait donc le point y', d'où l'on conclurait le point y ; mais puisque ce point y doit se trouver à la fois sur la droite B et sur la circonférence rabattue en C', cherchons la projection C^h de cette circonférence, elle coupe B^h en deux points y^h et z^h,

(*) Voir la note 1 placée à la fin de la première partie.   E. R.

qui sont les projections horizontales de deux points, satisfaisant à la question proposée ; nous aurons donc les deux projections horizontales N^h et K^h, d'où nous conclurons N^v et K^v, et, par suite, nous connaîtrons y^v et z^v ; il n'y aura plus qu'à déterminer B^v de manière à ce que la droite B, passant par le point x, soit perpendiculaire à N ; ou bien nous déterminerons D^v de manière à ce que la droite D passant par le point z soit perpendiculaire à K (n° 86), et les droites B et D satisferont à la condition d'avoir pour projections horizontales la même droite B^h, et d'être à la distance donnée de la droite A.

La construction de la courbe C^h ne peut ici se faire que par points, nous verrons plus loin que cette courbe est une ellipse, et que, par conséquent, elle ne peut couper B^h qu'en deux points.

Si le point x n'était pas donné, on pourrait le prendre partout où l'on voudrait sur la droite A, et répétant pour chacun de ces points x..... la construction précédente, on obtiendra une série de plans P..... parallèles entre eux, les cercles C..... égaux entre eux formeront donc une surface cylindrique de révolution ayant pour axe la droite A. Tous les points de B^h, compris dans la projection horizontale de cette surface cylindrique, pourront représenter le point y^h. Nous reviendrons dans un autre endroit de ce cours sur ce problème, pour la résolution complète duquel nous n'avons pas encore acquis les connaissances nécessaires. Mais si nous l'avons présenté ici, c'est pour faire comprendre la nécessité d'étudier ce qui est relatif aux courbes et aux surfaces avec tous les développements nécessaires, ainsi que nous l'avons fait pour le point, la droite et le plan.

140. Remarque, au sujet des problèmes relatifs : 1° aux angles que font entre eux les droites et les plans, et 2° aux plus courtes distances entre les points, les droites et les plans.

La méthode du changement des plans de projections n'est pas une innovation, les anciens *appareilleurs* et *charpentiers* en faisaient un fréquent usage. On ne peut ignorer que dans les applications on a sans cesse besoin de faire des *coupes* ; or, qu'est-ce qu'une *coupe*, si ce n'est un changement de plan de projection.

En *fortification* et en *coupe* des pierres, on est sans cesse obligé de recourir à ce que l'on appelle le *plan de profil*, or, le plan de profil n'est autre chose qu'un nouveau plan vertical de projection auquel on est obligé de rapporter la position du système donné dans l'espace, pour pouvoir résoudre avec plus de facilité certains problèmes proposés sur ce système.

Quand il s'agit : 1° de l'angle de deux plans, ou 2° de l'angle d'une droite et d'un plan, il est souvent préférable de chercher dans le *premier problème* l'angle de deux normales aux plans donnés, et dans le *second problème* l'angle de la droite donnée et d'une perpendiculaire au plan donné ; mais ne donner que ce seul mode de solution ne me paraît pas être une bonne chose dans l'enseignement. Il faut connaître toutes les méthodes qu'il est possible d'employer pour la solution d'un problème posé en toute sa généralité, et il faut ensuite savoir chercher entre toutes les méthodes celle qui doit être préférée dans le cas particulier que l'on a à résoudre ; les données du problème doivent déterminer ce choix.

Quant au problème de la plus courte distance entre deux droites, je dirais : La méthode donnée par MONGE, dans son traité de géométrie descriptive, n'a été employée par lui que pour montrer comment la géométrie descriptive pouvait *calquer* les constructions *graphiques* successives sur la marche *analytique* suivie en algèbre pour résoudre un problème de géométrie.

Il n'a *opéré* ainsi que pour faire voir l'accord parfait qui existe entre la langue *algébrique* et la langue *graphique*.

Mais on aurait très-grand tort de conclure de là que la géométrie descriptive ne peut que construire *graphiquement* les résultats géométriques fournis par l'*analyse*. C'est une grave erreur qui a eu *cours* assez longtemps, et trop longtemps pour l'intérêt des *services publics*, et dont ont gémi les véritables ingénieurs, les seuls qui comprennent bien toute la puissance et toute l'utilité de la *géométrie descriptive*, géométrie nouvelle qui, depuis MONGE et grâce à lui, doit être reconnue comme étant *une véritable science*. Ne l'oublions pas, il y a l'*art* des projections ; c'est ce que savaient et pratiquaient admirablement les anciens constructeurs de nos églises gothiques ; mais depuis MONGE, il y a *la science* des projections, que tout ingénieur doit savoir et pratiquer.

CHAPITRE IV.

DES ANGLES TRIÈDRES ET DES PYRAMIDES.

141. PROBLÈME GÉNÉRAL. *Étant donné un angle trièdre, trouver par une construction plane les plans et les angles dièdres qui la composent.*

Prenons une des faces de l'angle trièdre pour plan horizontal (en supposant cette face prolongée indéfiniment) puis coupons cet angle par un plan vertical quelconque, de sorte que les plans des deux autres faces soient P et Q (*fig.* 131) et leur intersection I ; l'un des angles plans sera donné en A (angle que font entre elles les droites H^p et H^Q), nous aurons les deux autres angles, celui que font entre elles les droites I et H^p et celui que font entre elles les droites I et H^Q en rabattant les deux faces P et Q sur le plan horizontal (n° 76) en les faisant tourner respectivement autour de leur trace horizontale, savoir : H^p et H^Q. Nous prendrons les nouveaux plans verticaux de projections passant par la trace verticale *b* de l'intersection I, de sorte que les lignes de terre L'T' et L"T" passeront l'une et l'autre par b^h projection horizontale de la trace verticale *b* de l'intersection I ; cette intersection I se rapporte sur les plans rabattus en I' et en I". Il est évident que $ab' = ab''$, puisque ces deux longueurs représentent également la portion *ab* de l'intersection I. Si l'on tire des droites *pb* et *qb*, elles représentent les traces verticales déjà données en véritable grandeur : on doit donc avoir $pb' = pb$ et $qb'' = qb$. Il est évident qu'on a les trois angles plans A $= \widehat{paq}$, B $= \widehat{pab'}$, C $= \widehat{qab''}$. Le plan P étant perpendiculaire au plan vertical L'T' et Q au plan L"T", les angles de ces plans avec le plan horizontal ou les angles dièdres γ et β sont donnés respec— tivement en $\widehat{bq'b^h}$ et $\widehat{bq''b^h}$. Il reste à trouver l'angle α, que font entre elles les faces B et C ; mais cet angle est mesuré par l'angle de deux perpendiculaires passant par un même point de la droite I et tracées dans chacun des deux plans P et Q ; ces perpendiculaires rapportées sur ces plans rabattus seront perpendiculaires à I' et I" et en des points *m'* et *m"* également distants du point *a* trace horizontale de la droite I ; elles vont rencontrer H^p et H^Q aux points *x* et *y* ; si on joint ces deux points, il est clair que la droite *xy* représentera la trace d'un plan perpendiculaire à I ; elle doit donc être perpendiculaire à I^h ; et si l'on rabat ce plan autour de sa trace *xy*, le sommet de l'angle cherché ne sortira pas du plan vertical dont I^h serait la trace, ses côtés se rabattront en véritable grandeur : donc si des points *x* et *y*, avec les rayons $\overline{xm'}$ et $\overline{ym''}$, on décrit des arcs de cercle, ils devront se croiser en un point *s* situé sur I^h que l'on joindra aux points *x* et *y*, et $\widehat{ysx}$ sera l'angle α demandé.

142. Ce problème général établi, il est facile de résoudre les divers problèmes particuliers sur l'angle trièdre : ils sont au nombre de six. Nommant toujours A, B, C les trois angles plans, et α, β, γ les angles dièdres qui leur sont respectivement opposés, on peut avoir les six combinaisons suivantes :

données.	inconnues.	données.	inconnues.
A, B, C	α, β, γ	α, β, γ	A, B, C
A, B, γ	α, β, C	α, β, C	A, B, γ
A, B, β	α, γ, C	α, γ, C	A, B, β

Les trois derniers cas se ramènent aux trois premiers, au moyen de l'angle trièdre supplémentaire. On sait en effet que, si d'un point pris dans l'intérieur d'un angle trièdre on abaisse des perpendiculaires sur les faces de cet angle et que l'on fasse passer des plans par ces droites, on forme un second angle trièdre dont les angles plans sont les suppléments des angles dièdres opposés du *trièdre* proposé, et dont les angles dièdres sont les suppléments des angles plans opposés de ce même trièdre proposé. C'est cette relation qui a fait donner à ces deux angles trièdres le nom d'*angles trièdres supplémentaires*.

D'après cela, nommant A′, B′, C′ les angles plans, et α′, β′, γ′ les angles dièdres du second angle trièdre, on aura :

$$A' = 180^{\circ} - \alpha, \; B' = 180^{\circ} - \beta, \; C' = 180^{\circ} - \gamma;$$
$$\alpha' = 180^{\circ} - A, \; \beta' = 180^{\circ} - B, \; \gamma' = 180^{\circ} - C.$$

Donc si l'on donne, par exemple, α, β, γ, on en conclura les angles plans A′, B′, C′, à l'aide desquels on déterminera α′, β′, γ′, comme nous allons l'indiquer, puis on en conclura A, B, C. Il en serait de même des deux autres cas. Avec ce que nous savons, l'on peut directement et sans employer l'angle trièdre supplémentaire, résoudre cinq des six problèmes proposés, mais celui où l'on donne les trois angles dièdres est le seul qui échappe aux méthodes enseignées précédemment ; nous le résoudrons ailleurs.

143. PROBLÈME 1. *Étant donnés les trois angles plans,* **qui composent un** *angle trièdre, trouver les trois angles dièdres.*

1° Nous prendrons toujours le plan de l'une des faces pour le plan horizontal, les côtés de l'angle A (*fig.* 132) situé sur cette face (supposée prolongée pour former le plan horizontal de projection) représenteront les traces horizontales Hʳ et Hᵠ des plans des deux autres faces, que nous supposerons rabattues sur le plan horizontal et en les angles B et C, placés de part et d'autre de l'angle A (n° 141). Leur intersection sera donnée en I′ et I″ et un point quelconque b de cette intersection se sera porté sur I′ et I″ à la même distance du point a ; si donc on prend $ab' = ab''$ et que par b′ et b″ on mène des perpendiculaires à Hʳ et Hᵠ, ce seront les lignes de terre L′T′ et L″T″ du problème général (n° 141) ; elles se croisent en un point bʰ, qui appartient à I_h ; le point b est donné sur les deux plans verticaux de projection en b et b, car il doit se trouver sur une perpendiculaire élevée du point bʰ à L′T′ ou L″T″, et sur le cercle décrit du centre bʰ avec bʰb′ ou bʰb″ pour rayon. Il faut évidemment que $b^h b = b^h b$. On est ainsi ramené au problème général, car on pourrait trouver Vʳ et Vᵠ sur un plan vertical quelconque LT.

2° Si deux des trois angles plans sont égaux, les deux angles dièdres opposés sont aussi égaux ; en effet, prenons pour plan horizontal celui du troisième angle A, et construisons les deux angles égaux B et C à gauche et à droite de A, comme précédemment ; il est évident que, dans l'hypothèse actuelle, les triangles $ap'b'$ et $aq''b''$ sont égaux, puisqu'ils ont l'hypoténuse égale et un angle aigu égal, donc $b'p' = b''q''$; puis les triangles rectangles $p'bb^h$ et $q''bb^h$ sont égaux, car $p'b = q''b$ et $bb^h = bb^h$, donc $\hat{\gamma} = \hat{\beta}$.

3° Si, de plus, les angles égaux B et C sont droits, les angles dièdres opposés β et γ sont aussi droits. En effet, dans ce cas il est facile de voir que L'T' et L''T'' se confondent respectivement avec I' et I'' ; par suite, les points a, p', q'', b^h coïncident, les droites b^hb et b^hb se portent respectivement sur H^r et H^c, les points b et b se trouvent sur les mêmes droites, et, par conséquent, les angles $\widehat{bp'b^h} = \hat{\alpha}$ et $\widehat{bq''b^h} = \hat{\beta}$ sont droits.

4° Si les trois angles A, B, C, sont égaux, les trois angles dièdres α, β, γ, sont aussi égaux ; car, à cause de $\hat{A} = \hat{B}$ on aura $\hat{\alpha} = \hat{\beta}$, puis $\hat{B} = \hat{C}$ donne $\hat{\beta} = \hat{\gamma}$, donc $\hat{\alpha} = \hat{\beta} = \hat{\gamma}$.

5° Si les angles A, B et C sont droits, les angles α, β, γ, seront aussi droits, on le prouverait de la même manière que ci-dessus.

6° Mais il est facile de reconnaître que l'un des angles A, B ou C étant droit ne détermine rien de particulier pour l'angle dièdre opposé.

144. On sait par la Géométrie élémentaire que les angles A, B, C ne peuvent être les trois angles plans d'un angle trièdre qu'autant que leur somme est moindre que quatre angles droits, et que chacun d'eux est plus petit que la somme des deux autres. La construction précédente conduit aux mêmes conditions. En effet :

1° Dans le problème général, L'T' et L''T'' (fig. 131) ne pouvant se couper qu'au point b^h, I' et I'' laissent toujours un angle $\widehat{b'ab''}$ qui n'entre pas dans la somme (A + B + C), donc cette somme est moindre que quatre angles droits ;

2° Si l'un des angles A était plus grand que la somme des deux autres, le point b^h serait en dehors des deux circonférences et par conséquent les perpendiculaires élevées par ce point sur les lignes de terre L'T' et L''T'' ne les rencontreraient jamais.

145. Problème 2. *Connaissant deux angles plans d'un angle trièdre et l'angle dièdre compris, trouver le troisième angle plan et les deux autres angles dièdres.* Prenons toujours le plan de l'une des faces connues, celle de l'angle plan A par exemple, pour plan horizontal, et supposons (fig. 132) l'autre face donnée B rabattue autour de H^r ; ayant pris L'T' perpendiculaire sur H^r, la trace V^r sera connue, car elle doit

faire avec L'T' l'angle dièdre γ donné, donc le point b' dans le retour de ce plan P se porterait en b, dont la projection horizontale est b^h; on aura donc I^h, et par conséquent on rentre de nouveau dans le problème général (n° 141), car on connaît H^b et prenant une ligne de terre quelconque passant par b^h, on trouvera le point b par lequel doit passer V^a.

146. Problème 3. *Connaissant une face d'un angle trièdre et les angles dièdres adjacents, trouver les deux autres angles plans et le troisième angle dièdre.* Prenant pour plan horizontal celui de la face connue A (*fig.* 133), les côtés de cet angle seront les traces H' et H° des plans des deux autres faces, que nous rapporterons à deux plans verticaux L'T' et L"T" qui leur soient respectivement perpendiculaires, de sorte que V'' et V"° feront chacune avec la ligne de terre correspondante les angles dièdres connus β et γ. Tout consiste à trouver la projection I^h de l'intersection de ces deux plans, ce que nous avons appris à faire (n° 101). On est ainsi ramené au problème général (n° 141).

147. Problème 4. *Connaissant deux faces d'un angle trièdre et l'angle dièdre opposé à l'une d'elles, trouver l'autre face et les deux autres angles dièdres* (*fig.* 134). Prenons pour plan horizontal celui de la face connue A adjacente à l'angle β, menons L'T" perpendiculaire à H°, l'on connaîtra V"°; et prenons aussi L'T' perpendiculaire à H'. Si l'on conçoit que le plan P tourne autour de H' pour prendre la position qu'il doit occuper dans l'espace, un point quelconque b' de I' se mouvra dans le plan vertical L'T' en décrivant un arc de cercle C', et viendra au point où cet arc est coupé par le plan Q, point que nous obtiendrons en cherchant V'° (n° 47); on trouve généralement deux points d'intersection b et c dont les projections horizontales sont en b^h et c^h et déterminent deux projections horizontales I^h et J^h de l'intersection des plans P et Q; il y a donc deux angles trièdres possibles avec les mêmes données ; il n'y en aurait qu'un si V'° était tangente au cercle C' et il n'en existerait pas si V'° ne rencontrait pas le cercle C'.

148. Problème 5. *Connaissant un angle plan, l'angle dièdre opposé et un angle dièdre adjacent, trouver le troisième angle dièdre et les deux autres angles plans.* Prenons pour plan horizontal celui d'une face inconnue A (*fig.* 135) et menons L'T' perpendiculaire sur H', dès lors V'' fera avec L'T' l'angle donné γ adjacent à B : si l'on suppose que le plan P revienne dans la position qu'il doit occuper dans l'espace, le point b se portera en b, ayant pour projection horizontale b^h; on connaîtra donc I^h; pour construire H°, supposons que le plan Q tourne autour d'un axe vertical (passant par b) jusqu'à ce qu'il soit devenu perpendiculaire au plan vertical L'T', à cet instant sa trace verticale V'°' fera avec L'T' l'angle β connu et opposé à B, et H°' sera perpendiculaire à L'T'; si l'on suppose que ce plan revienne ensuite à sa position, le point p' décrira, autour de b^h comme centre, un arc de cercle auquel la trace

horizontale H° sera tangente; elle doit d'ailleurs passer par le point a, donc elle est déterminée, et l'on rentre encore dans le problème général (n° 141).

149. Problème 6. *Réduire un angle à l'horizon (fig. 136)*. C'est la construction d'un angle trièdre dont on connaît les trois angles plans, mais on peut donner à la figure une disposition particulière. On connaît l'angle que font entre elles deux droites, et les angles qu'elles font l'une et l'autre avec la verticale. Soient a le sommet de l'angle, N la verticale passant par ce sommet, D l'une des droites faisant avec N l'angle connu B. Prenons pour plan vertical de projection le plan des droites N et D, et soit E′ l'autre droite rabattue sur ce plan vertical et faisant avec N l'angle connu C, formons l'angle $\widehat{dae'} = \widehat{A}$ angle que font entre elles les deux droites, prenons $ae''=ae'$, puis décrivons deux arcs de cercle l'un du centre a^h avec $a^h e'$ pour rayon et l'autre du centre d avec le rayon de'', ils se coupent en e; joignant $a^h e$, on aura le second côté E^h de l'angle cherché α. Les motifs de toutes ces constructions seront faciles à concevoir, sans qu'il soit nécessaire de les développer ici.

150. Problème 7. *Inscrire une sphère dans une pyramide triangulaire.* On divisera en deux parties égales (n° 128) trois angles dièdres dont les arêtes ne concourent pas au même sommet, et le centre de la sphère sera au point d'intersection des plans bissecteurs, puis son rayon sera la distance de ce centre à une face quelconque (n° 136) de la pyramide (*).

151. Problème 8. *Circonscrire une sphère à une pyramide triangulaire.* On élève-ra des plans perpendiculaires sur les milieux des trois arêtes (n° 83) non situées sur une même face de la pyramide et le point où ils se couperont sera le centre de la sphère demandée, on aura le rayon de la sphère en unissant ce centre à l'un des sommets de la pyramide.

152. Problème 9. *Sur un triangle acutangle donné, construire une pyramide tri-rectangle et en trouver la hauteur.* Prenons pour plan horizontal celui du triangle donné *(fig.* 137), et pour plan vertical un plan perpendiculaire à l'un des côtés, par exemple au côté ab. Concevons la pyramide construite et désignons son sommet par s; rabattons sur le plan horizontal la face sab, dont le plan est perpendiculaire au plan vertical de projection, elle sera inscrite dans un demi-cercle ayant ab pour diamètre, et comme l'arête sc est perpendiculaire à cette face et par conséquent parallèle au plan vertical de projection, sa projection horizontale $s^h c$ doit être perpendiculaire à ab, donc le point s se rabat en s', et la face sab en $s'ab$. Si mainte-nant on suppose que cette face revienne en sa position dans l'espace, le point s' décrira un arc de cercle C dont le centre est en o sur ab, et auquel l'arête sc est nécessairement tangente. La projection verticale s'^v décrira un cercle identique au cercle C et auquel la droite $s^v c^v$ doit être tangente; or cette tangente est toujours

(*) Voir la note II placée à la fin de la première partie.   E. R.

possible, car le rayon os' est toujours moindre que oc, donc c^v est toujours extérieur à la circonférence C ; on obtient ainsi la projection s^v du sommet s de la pyramide, d'où l'on déduit s^h, et par suite la pyramide est connue, son sommet s étant connu puisque l'on connaît ses deux projections. Si l'on joint as^h, on aura la projection horizontale de l'arête as perpendiculaire à la face bsd, donc as^h est perpendiculaire à bc ; de même bs^h est perpendiculaire à ac.

La hauteur de la pyramide est donnée en $s^v p$. Si l'on rabat les trois faces, elles seront inscrites dans des demi-cercles, dont les cordes adjacentes à un même sommet du triangle sont égales.

153. Le problème précédent conduit aux conséquences suivantes :

1° *Sur un triangle acutangle quelconque pris pour base, on peut toujours construire une pyramide trirectangle.*

2° *Les perpendiculaires abaissées des sommets d'un triangle quelconque sur les côtés opposés concourent en un même point ;* car on vient de le démontrer pour un triangle acutangle. Mais s'il s'agit d'un triangle obtusangle abc (fig. 138), abaissant des sommets b et c des angles aigus des perpendiculaires sur les côtés opposés, elles se croiseront nécessairement en un point d extérieur au triangle abc et formeront un autre triangle bcd évidemment acutangle, et dans lequel les droites bc' et cb' sont perpendiculaires aux côtés cd et bd, donc aussi la droite da sera perpendiculaire sur bc, donc enfin les droites aa', bb', cc', abaissées des trois sommets du triangle abc perpendiculairement sur les côtés opposés concourent en un même point d, intérieur ou extérieur, selon que le triangle est acutangle ou obtusangle.

154. PROBLÈME 10. *Couper une pyramide trirectangle, de manière que la section soit un triangle acutangle donné.* Ayant rabattu comme ci-dessus les trois faces de la pyramide donnée (fig. 139), soit (fig. 140) $\alpha\beta\gamma$ le triangle auquel la section doit être égale ; ce triangle pourra être considéré comme la base d'une pyramide trirectangle ; nous développerons cette pyramide, et nous obtiendrons ainsi ses faces $\sigma'\alpha\beta_1\sigma''\alpha\gamma,\sigma'''\beta\gamma$ que nous reporterons respectivement sur les triangles $s'ab$ (fig. 139), $s''ac$, $s'''bc$, puis rapportant les points a'' et a''', b'' et b''', c'' et c''' en a'^h, b'^h, c'^h sur les projections des trois arêtes, nous aurons la projection horizontale du triangle de section, on en aura facilement la projection verticale, et par conséquent son plan sera parfaitement déterminé ; on peut d'ailleurs trouver facilement les traces de ce plan si on le désire.

155. PROBLÈME 11. *Couper une pyramide quadrangulaire ayant pour base un trapèze par un plan de manière que la section soit un parallélogramme* (fig. 141). Prenons pour plan horizontal celui de la base $abcd$ de la pyramide et désignons par s le sommet de cette pyramide dont s^h sera la projection horizontale, et donnons-nous la hauteur du sommet s au dessus de la base ; on n'a pas besoin de plan vertical de projection.

Prolongeons les côtés non parallèles ad et bc de la base jusqu'à leur intersection en o, les plans des faces sad et sbc se coupent suivant la droite D, qui passe par les points s et o, et les plans des plans sab et scd dont les traces horizontales sont parallèles se coupent suivant une horizontale de ces plans menée par le point s. Cela posé, nommant P le plan de section, nous dirons : puisque ce plan P coupe les faces sab et scd suivant des droites parallèles entre elles, ces droites seront aussi parallèles à l'intersection des plans de ces faces, donc à ab, cd et H', donc H' doit être parallèle à ab (on peut d'ailleurs prendre cette trace H' partout où l'on voudra sur le dessin, pourvu qu'on la mène parallèle à ab). Puis le plan P coupe les faces sad et sbc suivant deux droites parallèles entre elles et par conséquent à D, et passant par les points x et y ; si l'on mène par ces points des parallèles à D coupant $s^h a$, $s^h b$, $s^h c$, $s^h d$ aux points a'^h, b'^a, c'^h, d'^h, et si l'on joint $a'^h b'^h$, $c'^h d'^h$ la figure $a'^h b'^h c'^h d'^h$ sera la projection horizontale de la section et devra par conséquent être un parallélogramme.

On déduit facilement de ce qui précède : 1° Les côtés $a'^h b'^h$ et $a'^h d'^h$ étant respectivement parallèles à ab et à D^h, pour que le parallélogramme $a'^h b'^h$ $c'^h d'^h$ soit rectangle, il faut et il suffit que D^h soit perpendiculaire sur ab. 2° Pour que la projection $a^{h} b'^h c'^h d'^h$ soit un losange, remarquons que tout plan parallèle à P couperait aussi dans ce cas la pyramide suivant un parallélogramme ayant pour projection horizontale un losange ; nous pouvons donc prendre ab, (fig. 142) pour la trace du plan sécant et alors ab sera un côté du losange. L'autre côté devant être égal à ab, du point a comme centre et avec un rayon égal à ab, nous décrirons une circonférence de cercle sur laquelle doit être pris arbitrairement le point d'^h, puis menant du point o une parallèle à ad'^h, elle vient couper dd^h au point s^h ; on aurait pu de même décrire la circonférence du centre b. 3° Enfin la projection $a'^h b'^h c'^h d'^h$ sera un quarré si l'on a en même temps d'^h sur la circonférence précédente et Dh perpendiculaire sur ab.

156. PROBLÈME 12. *Couper une pyramide quadrangulaire à base quelconque par un plan de manière que la section soit un parallélogramme (fig. 143)*. Prenons pour plan horizontal le plan de la base $abcd$, nous ne construirons pas la projection verticale, il serait facile d'en avoir une si on le désirait. Prolongeons les côtés opposés ab et cd jusqu'à leur rencontre en o et joignons os^h, ce sera la projection horizontale I^h de l'intersection des plans des deux faces sab, scd. Prolongeons de même les côtés opposés ad, bc jusqu'à leur rencontre en ω et joignons ωs^h, ce sera la projection horizontale J^h de l'intersection des plans des deux faces sab, sbc. Enfin la droite $o\omega$ sera la trace horizontale du plan (I, J) ou X. Cela posé, le plan sécant P devant couper les faces opposées suivant des droites parallèles entre elles et par conséquent parallèles à leur intersection, doit être lui-même parallèle à la fois aux deux droites I et J et par conséquent à leur plan, donc H^p doit être parallèle à H^x ; on peut d'ailleurs prendre pour H^p une droite quelconque remplissant cette condition. Puis menant par les points x et y, en lesquels H^p coupe ab et cd, des parallèles à I^h, et par les points u et z, en lesquels H^p coupe ad et bc, des parallèles à J_h, ces droites se croiseront en des points situés sur les projections des arêtes et donneront la projection horizontale $a'^h b'^h c'^h d'^h$ de la section, qui doit par conséquent être un parallélogramme.

La projection horizontale $a'^h b'^h c'^h d'^h$ serait un rectangle, si les projections I^h et J^h des intersections étaient perpendiculaires entre elles, c'est-à-dire si le point s^h (fig. 144) appartenait à la circonférence de cercle décrite sur $o\omega$ comme diamètre.

Comme cas particuliers, on peut indiquer les deux suivants :

1° La projection $a'^h b'^h c'^h d'^h$ sera un losange, si le triangle $osh\omega$ (fig. 145) est isocèle, et si en menant par le point a une parallèle R à la droite $o\omega$, le point m est le milieu de la longueur de la droite rr' interceptée sur R par les droites oc et ωc. Dans ce cas, le trapèze $abcd$ est tel, que les côtés cd et cb, ad et ab sont égaux entre eux, et, dans ce cas encore, la droite cs^h passe par le sommet a du trapèze.

2° Les conditions indiquées ci-dessus étant remplies, si le triangle isocèle est rectangle, ou, en d'autres termes, si le point s^h est sur la circonférence d'un cercle dont $o\omega$ serait le diamètre, alors la projection $a'^h b'^h c'^h d'^h$ sera un carré.

Désignons par D la droite qui unit les points de concours o et ω des côtés opposés du trapèze B, base de la pyramide ; désignons par s le sommet de la pyramide, et par H^p une droite qui, tracée sur le plan du trapèze (plan que nous prendrons pour plan horizontal de projection) sera parallèle à D.

Si, par le point s^h, on mène une verticale Y, et si l'on prend sur cette droite une suite de points s, s', s'', etc., et qu'on les regarde comme les sommets d'une suite de pyramides Z, Z', Z'', etc., ayant toutes pour base commune le trapèze B ; si par H^p on mène une suite de plans P, P', P'', respectivement parallèles aux plans (s, D), (s', D), (s'', D), etc., ces plans couperont les pyramides suivant des parallélogrammes qui se projetteront tous sur le plan horizontal, suivant un seul et même parallélogramme E^h.

Ainsi : le plan P coupera la pyramide Z suivant un parallélogramme E

P'	—	Z'	—	E'
P''	—	Z''	—	E''
etc.	—	etc.	—	etc.

et tous ces parallélogrammes E, E', E'', etc., seront situés sur un prisme droit ayant le parallélogramme E^h pour base. Et comme la position du sommet s peut varier arbitrairement sur Y, et qu'ainsi on peut faire croître ou décroître à volonté la hauteur du sommet s au dessus du plan horizontal, on voit que l'on peut supposer cette hauteur nulle ; alors le plan sécant P et la pyramide Z se confondent avec le plan horizontal, et l'on n'a plus qu'un système de lignes toutes tracées sur un plan, et non plus un système de lignes dont une partie est sur le plan, et dont l'autre partie est la projection de certaines lignes situées dans l'espace.

Nous pouvons donc énoncer ce qui suit :

Un système situé sur un plan, ou, comme on le dit, un *système plan*, peut être regardé comme la projection sur son plan de divers systèmes situés dans l'espace, étant tous du même genre comme étant tous soumis à une certaine et même *loi* de formation.

Et comme, dans un *système plan*, on pourra regarder certaines lignes comme étant dans le plan, et certaines autres comme étant la projection sur ce plan de lignes situées dans l'espace, et que le choix des lignes regardées comme étant sur le plan pourra être souvent arbitraire, pourvu que *ce choix* conduise à un système pouvant exister dans l'espace, on peut dire qu'un *système plan* peut être regardé comme la projection de divers systèmes de l'espace et de genres différents.

Ainsi dans la *fig.* 145, qui empêche de regarder les points a et s^h de la figure plane comme étant sur le plan de cette figure, et de considérer les points b,c,d du trapèze comme étant les projections de points de l'espace? alors on aurait une pyramide dont l'arête sa serait seule dans le plan de la figure, et ce système serait bien différent de celui où l'on regarderait le trapèze $abcd$ comme étant dans le plan de la figure, et le point s^h comme étant la projection d'un point s de l'espace, puisque, dans ce cas, on aurait une pyramide ayant sa base sur le plan de la figure.

Et de plus dans le premier système, celui où l'on considère les quatre points a,b,c,d comme étant les projections de quatre points de l'espace, on pourra établir que ces quatre points de l'espace sont les sommets d'un quadrilatère plan ou les sommets d'un quadrilatère gauche.

Dans le premier cas, les points o et ω seront les projections de deux points de l'espace ; dans le deuxième cas, ces points o et ω devront être considérés comme les projections de deux droites verticales, perpendiculaires au plan de la figure, sur chacune desquelles s'appuient les côtés opposés (et supposés prolongés) du quadrilatère gauche.

D'après ce qui précède, on voit que lorsqu'on a sur un plan un système de lignes, et que l'on veut découvrir les propriétés géométriques dont ce système plan peut jouir, on doit chercher à construire dans l'espace un système de lignes ayant le système plan pour projection, et chercher parmi tous les systèmes de l'espace constructibles celui qui permettra de découvrir facilement, et le plus facilement, les propriétés du système plan donné ; et réciproquement, lorsqu'on a un système de lignes dans l'espace, on doit projeter ce système sur un plan, et rechercher les propriétés du système de l'espace, en vertu des propriétés dont jouit le *système-plan-projection;* on doit donc, parmi tous les plans de projection, chercher celui qui sera tellement situé par rapport au système de l'espace, que la projection, sur ce plan, du système de l'espace nous permettra de découvrir facilement, et le plus facilement possible, les propriétés du système-plan-projection, pour en conclure les propriétés du système de l'espace.

Ce mode de recherches, qui consiste à passer *du plan dans l'espace*, et réciproquement *de l'espace sur le plan*, est fécond en géométrie descriptive, et il est tout à fait dans l'esprit de cette science, puisqu'il n'est évidemment qu'une *conséquence* de la méthode générale des projections, méthode qui est la base de la géométrie descriptive.

Soit donné le quadrilatère *abcd* sur le plan horizontal (*fig.* 145 *bis*), dont les côtés opposés étant prolongés se coupent aux points o et ω, soit s^h la projection du sommet s de la pyramide ayant le quadrilatère *abcd* pour base.

Menons par le point a une droite H^r parallèle à la droite (o, ω) et regardons cette droite comme la trace horizontale d'un plan P, lequel sera parallèle au plan (s,o,ω) ; ce plan P coupera la pyramide suivant un parallélogramme qui se projettera suivant un autre parallélogramme $a'^h b'^h c'^h d'^h$.

Cela posé :

Par le point r en lequel H^r coupe la droite co menons une droite quelconque rc'^h, coupant la droite $pb'^h c'^h$ en un point c'''^h. Joignons les points c et c'^h par une droite coupant la ligne ωs^h en un point s'^h, la pyramide qui aura pour base le quadrilatère *abcd*, et pour sommet un point ayant s'^h pour projection horizontale, sera coupée par un plan P$'$ ayant H^r pour trace horizontale (ce plan P$'$ étant parallèle au plan $s'o\omega$), suivant un parallélogramme $ab''c''d''$ qui se projettera suivant un autre parallélogramme $ab''^h c''^h d''^h$, ces deux parallélogrammes étant tels que les cinq points $p, b'^h, c'^h, b''^h, c''^h$ seront en ligne droite. Il est évident que les deux parallélogrammes de section $ab'c'd'$ et $ab''c''d''$ sont situés sur un prisme oblique dont les arêtes sont parallèles à la droite $s's_\omega$. Nous aurons donc, dans ce cas, une suite de pyramides ayant même base et coupées par des plans P, P$'$ P$''$, etc., ayant même trace horizontale H^r, suivant des parallélogrammes se projetant (sur le plan de base) en des parallélogrammes différents, distincts, et non plus suivant le même parallélogramme, comme dans le cas où les divers sommets s, s', s'', etc., des pyramides étaient situés sur une perpendiculaire au plan de base.

Dès lors on pourra demander de trouver la position que doit occuper le sommet s' pour que la projection du parallélogramme de section jouisse de certaines propriétés ; on pourra demander, par exemple, que cette projection soit un losange, ou que les côtés adjacents soient dans un rapport donné, etc. En désignant le trapèze de base par B, on peut dire que le système formé par la pyramide (s, B) et le plan P a été transformé en le système formé par la pyramide $(s' B)$ et le plan P$'$.

Le mode de recherche qui consiste à transformer une figure plane en une autre figure plane, un système de l'espace en un autre système de l'espace (et il existe bien des modes différents de transformation) est très-fréquemment employé en géométrie descriptive ; on s'en sert pour transformer un système Σ en un autre système Σ', tel que l'on puisse facilement reconnaître ses propriétés géométriques, et l'on passe alors des propriétés reconnues sur le système Σ' à celles qui doivent exister sur le système primitif Σ', en faisant subir aux propriétés du système transformé Σ', les modifications que le mode de transformation employé pour repasser du système Σ' au système Σ doit leur faire éprouver.

Ce mode de recherche n'est encore qu'une conséquence de la méthode des projections, mais une conséquence plus générale que ne l'est le mode précédemment exposé. Dans la seconde partie de ce cours, nous aurons plus d'une fois l'occasion d'employer l'un et l'autre de ces deux *modes de recherche*.

Maintenant, proposons-nous de chercher quelle doit être la position du point s'^h sur la droite ωs^h, pour que, *fig.* 145 *bis*, le parallélogramme $ab''^h c''^h d''^h$ soit un losange. Pour que ce parallélogramme soit un losange, il faut que l'on ait $ad''^h = ab''^h$.

Or, en supposant que la droite ad''^h a été menée arbitrairement, il faudra que la droite rb'^h soit parallèle à la droite ad''^h, ce qui ne pourra avoir lieu évidemment que pour certaine direction particulière donnée à la droite ad''^h. En examinant de près le problème proposé, on voit qu'il se réduit au suivant :

Étant donnés (fig. 145 ter) deux droites parallèles A et B, un point a sur A et un point r hors des deux droites, mener par le point r une droite D telle que, coupant les droites A et B aux points b'^h *et* c'^h, *on ait :* $ab''^h = b''^h c''^h$.

Or ce problème se résout facilement de la manière suivante :

Concevons par le point r une suite de droites R, R′, R″, etc., dont l'une, R, passe par le point a et coupe la droite A aux points a, b'^h, b''^h, b'''^h, etc., et la droite B aux points p, c'^h, c''^h, c'''^h, etc.

Portons sur ces droites R, R′, R″, etc., et à partir des points a, b'^h, b''^h, etc., et du côté de B les distances du point a à chacune de ces droites R, R′, R″, etc., ces distances étant comptées sur la droite A, on aura les points a, y', y'', y''', etc., qui détermineront une courbe δ, laquelle sera évidemment composée d'une branche infinie passant par le point a et coupant la droite B en deux points c_1 et c_2 ; les droites rc_1 et rc_2 résoudront le problème, qui aura toujours deux solutions. On donne à cette courbe δ le nom de *courbe d'erreur*. Or, il est évident que la *courbe d'erreur* est un *lieu géométrique*, et qu'ainsi, en employant en géométrie descriptive une *courbe d'erreur*, nous faisons identiquement ce que l'on fait lorsque l'on applique l'analyse à la géométrie, et que l'on cherche un point situé à la fois sur deux lieux géométriques.

Dans le problème précédent, les lieux géométriques sont la droite B et la courbe δ.

L'emploi des *courbes d'erreur* est très-fréquent en géométrie descriptive.

Donnons un second exemple de l'emploi des courbes d'erreur.

Étant donné (*fig.* 145 *bis*) un quadrilatère $abcd$ comme base d'une pyramide, cherchons la position que doit occuper le sommet s de cette pyramide pour qu'un plan P, parallèle au plan P (s, o, ω), la coupe suivant un parallélogramme qui se projette sur le plan horizontal, ou, en d'autres termes, sur le plan de base suivant un carré. Les droites os^h et ωs^h devront être rectangulaires, le point s^h devra donc être situé sur un cercle C décrit sur $o\omega$ comme diamètre.

Par suite, faisant passer le plan P par le point a, P′ sera parallèle à $o\omega$, le point c'^h devra donc être situé sur un cercle $\mathfrak{c}$ décrit sur rp comme diamètre ; et il faudra évidemment que ce point c'^h soit tel que menant la droite rc'^h, et abaissant du point a une perpendiculaire ab'^h sur cette droite, on ait : $ab'^h = b'^h c'^h$. Il faudra donc (*fig.* 145, *quater*), construire une courbe d'erreur λ de la manière suivante :

Du point r nous mènerons une suite de droites R, R′ R″, R‴, etc., coupant le cercle C aux points c^h, c'^h, c''^h, c'''^h, etc.; du point a nous abaisserons des perpendiculaires L, L′, L″, L‴, etc., sur les droites R, R′, R″, etc., et les coupant respectivement aux points b^h, b'^h, b''^h, b'''^h, etc.

Puis nous porterons sur R, et à partir du point b^h, une longueur $b^h y = b^h \overline{a}$; sur R′, et à partir du point b'^h, une longueur $\overline{b'^h g}$, $= b'^h a$, et ainsi de suite.

Les points y, y', etc., détermineront une courbe λ qui passera par le point a et qui coupera le cercle C en deux points c_1 et c_2 qui seront évidemment situés sur une perpendiculaire à la droite rp.

Unissant le point c avec c, par une droite J et ce même point c avec c' par une droite J′, ces deux droites J et J′ couperont le cercle C en deux points s^h et s'^h situés sur une perpendiculaire à la droite $\overline{o\omega}$, et ces points s^h et s'^h seront les projections des divers sommets s et des divers sommets s'

des diverses pyramides qui, ayant le quadrilatère *abcd* pour base, seront coupés par un plan parallèle au plan (s, o, ω) ou au plan (s' o, ω) suivant un parallélogramme se projetant, sur le plan de base, suivant un *carré.*

CHAPITRE V.

DES DIFFÉRENTS SYSTÈMES DE PROJECTIONS.

157. Dans ce qui précède, nous n'avons considéré que des projections orthogonales sur deux plans perpendiculaires entre eux ; en généralisant la même idée on peut nommer projection d'un point sur un plan, le point où une droite quelconque passant par le point donné rencontre ce plan, mais le système de projection étudié ci-dessus est le plus usité, non-seulement parce qu'il est le plus commode à employer pour les constructions graphiques à exécuter pour la solution des problèmes géométriques proposés, mais aussi parce qu'il conduit à des *épures* à l'aide desquelles il est plus facile de construire le *relief.* Cependant on emploie quelquefois d'autres systèmes pour lesquels on ne fait plus usage que d'un seul plan de projection, et, parmi ceux-là, le plus simple est celui qui constitue les *plans cotés et nivelés.* Un point est déterminé dans ce système par sa projection orthogonale sur un plan, qu'on nomme *plan de comparaison,* et que l'on choisit ordinairement au-dessus de tous les points du système projeté, et par un *nombre* écrit à côté de la projection du point et qui en fait connaître la distance au plan de comparaison. Ce nombre prend le nom de *cote du point.* Les *cotes* des points situées au-dessus du plan de comparaison seraient négatives, et si l'on prend le plan de comparaison tel qu'il passe au-dessus de tous les points du système, ou en d'autres termes tel que tous les points du système soient situés au-dessous de lui, c'est afin de n'avoir aucunes cotes négatives, ce qui serait gênant dans les diverses opérations

à effectuer pour la solution des problèmes proposés. On voit que ce système rentre dans le système général, car, à l'aide des *cotes* de chaque point du système projeté, on pourrait en obtenir la projection sur un plan quelconque, mais perpendiculaire au plan de comparaison, en choisissant une ligne de terre arbitraire et en abaissant de la projection connue de chaque point une perpendiculaire sur cette ligne, et en portant ensuite du côté convenable (par rapport à la ligne de terre) des distances égales aux *cotes* de ces points (n° 5).

Dans ce système une droite est déterminée par les projections et les *cotes* de deux de ses points (n° 18), et un plan par sa ligne de plus grande pente par rapport au plan de comparaison (n° 38), ligne qui porte le nom d'*échelle de pente du plan.*

Ce système de projection est fréquemment usité, surtout dans les dessins relatifs aux fortifications et aux travaux de déblai et remblai, tels que routes, canaux etc.

Comme l'on ne peut pas ordinairement avoir une feuille de dessin assez grande pour représenter les corps dans leurs grandeurs naturelles, on réduit les *dessins* ou *épures* que l'on désigne aussi sous le nom de *plans* à une échelle déterminée qui doit être annexée au dessin et sur laquelle on compte les longueurs horizontales, les *cotes* sont toujours indiquées dans leurs grandeurs naturelles; il faudrait les réduire à la même échelle, si l'on voulait faire la projection verticale du corps sur un plan vertical de projection. Nous verrons cependant que, pour des motifs qu'il n'est pas temps encore d'expliquer, on ne réduit pas ordinairement les deux projections à la même échelle.

158. On nomme *projections obliques*, celles qui sont déterminées par des droites inclinées par rapport au plan de projection, mais toutes parallèles entre elles. Pour pouvoir obtenir la projection oblique d'un point, il faut connaître la direction et l'inclinaison de la droite projetante par rapport au plan de projection; on la donne ordinairement par sa pente, c'est-à-dire par le *rapport* de la hauteur à la base du triangle rectangle formé par les droites projetant orthogonalement et obliquement le point et par celle qui unit ces deux projections. Le point est alors déterminé par sa projection orthogonale et une projection oblique sur le même plan, car la projection orthogonale fait connaître une droite sur laquelle le point est situé, et la distance des deux projections conjointement avec le *rapport* connu de la hauteur à la base du triangle rectangle, ci-dessus désigné, fait connaître la distance du point au plan de projection. Lorsque les lignes projetantes sont inclinées à 45° sur le plan de projection, le triangle rectangle est isocèle, sa base est égale à sa hauteur, et par conséquent la distance du point au plan de projection est égale à celle de ses deux projections, l'une orthogonale et l'autre oblique sur le plan horizontal.

Dans la théorie des ombres, cette seconde projection est ce qu'on nomme l'*ombre portée* du point sur le plan de projection, qui est ordinairement le plan horizontal pour la partie du dessin (ou de l'*épure*) que l'on nomme le plan *géométral* et le plan vertical pour les *coupes* et les *élévations*.

Une droite est de la même manière définie par sa projection orthogonale et une projection oblique sur le même plan, et un plan par les deux mêmes projections de sa ligne de plus grande pente. Ce que l'on nomme *perspective militaire* n'est autre chose qu'une projection oblique ; on s'en sert aussi dans les travaux d'arts pes ponts et chaussées, pour mieux faire voir les détails d'assemblages des parties intérieures des constructions.

159. Les projections orthogonales et obliques que nous venons d'indiquer portent le nom commun de *projections cylindriques*. Il existe encore un système de projections que nous nommerons *projections coniques*, et auxquelles on donne aussi le nom de projections *centrales* ou *polaires*. Dans ce système, les droites projetantes passent toutes par un même point fixe, qu'on nomme *centre* ou *pôle* des projections.

Dans ce système, on emploie deux plans rectangulaires, l'un nommé *géométral*, sur lequel on projette orthogonalement le système proposé ; l'autre nommé *tableau*, sur lequel on effectue la projection conique ou la *perspective* de ce même système. La ligne de terre prend, dans ce cas-ci, le nom de *base du tableau*.

Un point est déterminé dans l'espace, quand on connaît sa projection orthogonale sur le géométral, sa perspective, la base du tableau et le centre des projections ou *point de vue*. Mais on peut aussi définir la position d'un point dans l'espace par sa perspective, sa *cote* de hauteur au-dessus du géométral ; la projection du point de vue fait connaître la base du tableau.

160. Mais lorsqu'on ne cherche que des relations de position sur un plan, on peut donner une seule projection du système de points et de droites composant un système de l'espace, la position du système dans l'espace reste arbitraire ; alors on en choisit un entre tous, et l'on choisit le plus simple pour arriver à la démonstration des théorèmes de relations de position énoncés ; c'est ce que nous avons déjà fait dans quelques questions du chapitre III.

Des plans cotés et nivelés.

161. Dans tout cet article nous mesurerons les distances horizontales sur une échelle au cen.ième ou de 0^m.01 pour 1^m.00, représentée (*fig.* 146) ; les décimètres y sont exprimés par des millimètres. Si l'on voulait avoir des distances moindres

7

que les décimètres, par exemple les centimètres, on disposerait l'échelle comme il suit. A l'une des extrémités a (*fig.* 147) de la droite ab, on élève une perpendiculaire, sur laquelle on porte 10 fois une longueur arbitraire; par tous les points **1**, 2, 3,........ 10, on mène des parallèles à ab, puis divisant la dernière parallèle en millimètres, nous joindrons les points 1 et 10′, 2 et 1′, 3 et 2′,... 10 et 9′ des deux parallèles extrêmes, et il est évident que toutes ces nouvelles droites sont parallèles, et qu'elles interceptent sur les parallèles à ab des parties égales à 0^m0001, $0^m,0002, 0^m,0003,.....0^m,0009, 0^m,001$; en effet, considérons la partie $\alpha\beta$ comptée sur la parallèle menée du point 7, les triangles semblables $10—\alpha—\beta$ et $10—9′—10′$ donnent $10—10′$; $10—\beta :: 9′—180′ : \alpha\beta$. Or $10—10′$ contient 10 des parties dont $(10—\beta)$ en contient 7, et $9′—10′ = 0^m,001$; donc cette proportion peut se changer en celle-ci : $10 : 7 :: 0^m,001 : \alpha\beta = 0^m,0007$; on trouverait de même la valeur des parties comprises sur les autres parallèles. Cela posé, supposons qu'on veuille mesurer sur une échelle une longueur de $7^m,64$, on prendra sur la parallèle à ab, menée du point 4, la longueur $\gamma\delta$, qui sera la droite demandée, réduite à l'échelle. En effet, cette droite $\gamma\delta$ se compose de $\gamma\epsilon = 0^m,07$, de $\delta\zeta = 0^m,006$, et de la partie $\epsilon\zeta = 0^m,0004$: donc en tout $\gamma\delta = 0^m,0764$, ce qui représente, à l'échelle convenue, la longueur donnée de $7^m,64$.

162. **Problème 1.** *Sur une droite donnée trouver la cote d'un point quelconque dont on se donne la projection* (*fig.* 143). Concevons le plan projetant la droite donnée D sur le plan de comparaison que nous considérons comme horizontal, et prenons-le pour plan vertical de projection, de sorte que D^h deviendra LT, on aura D en portant sur des perpendiculaires à **LT** des longueurs m^hm et m'^hm, respectivement égales aux *cotes* données y et $y′$ (*), des points m et $m′$ appartenant à la droite D de l'espace; élevant la perpendiculaire m''^hm'', sa longueur exprimera précisément la *cote* cherchée y'' du point m''. Pour en avoir l'expression numérique en fonction des *cotes* connues y et $y′$, menons la droite ml parallèle à LT, nous aurons : $m'^hl = m''^hk = m^hm = y$, et les triangles semblables $mlm′$, mkm'', donneront :

$$ml : mk :: lm′ : km''$$

ou

$$m^hm'^hk : m \, m''^hk :: m'^hm′ — m^hm : m''^hm'' — m^hm$$

ou enfin

$$x′ : x'' :: y′ — y : y'' — y$$

d'où

$$y'' - y = \frac{x''\,(y'-y)}{x'}$$

et

$$y'' = y + \frac{x''\,(y'-y)}{x'} = \frac{y\,(x'-x'')+y'x''}{x'}$$

Soit, par exemple, la droite D *(fig. 149)*, et demandons la cote du point m''. Portons sur l'échelle *(fig. 146)*, les distances horizontales $n^h m^h$ et $m^h m''^h$, je suppose qu'on les trouve respectivement de $0^m,02$ et $0^m,015$, ce qui donne pour ces distances ramenées à leur grandeur naturelle $x' = 2^m$ et $x'' = 1^m,5$ (n° 161) ; nous avons d'ailleurs $y' = 5^m,20$ et $y' = 9^m,00$; substituant ces valeurs dans la formule précédente, nous trouverons :

$$y'' = \frac{5,2 \times (2-1,5) + 9,6 \times 1,5}{2} = \frac{5,2 \times 0,5 + 9,6 \times 1,5}{2} = \frac{2,60 + 14,40}{2} = \frac{17}{2}$$

ou enfin

$$y'' = 8^m,5$$

163. Problème 2. *Sur une droite donnée trouver la projection d'un point dont on connaît la cote (fig. 148)*. Ayant tracé comme ci-dessus la droite D, je prends sur $m''^h m'$ une longueur $m'^h l''$, égale à la *cote* donnée y'' et menant $l''m''$ parallèle à LT, le point m'' sera le point cherché, dont nous aurons en m''^h la projection horizontale ; mais il faut avoir la distance au point m^h ; pour cela ayant obtenu comme ci-dessus la proportion ;

$$x' : x'' :: y'-y : y''-y$$

nous en tirerons :

$$x'' = \frac{x''\,(y''-y)}{y'-y}$$

Soit, par exemple, la droite D *(fig. 150)* sur laquelle on demande de trouver le point ayant pour *cote* 8^m. Ayant porté la distance $m^h m'^h$ sur l'échelle *(fig. 146)*, supposons qu'on la trouve de $0^m,005$, ce qui donne $x = 0^m,5$ (n° 141), on a en outre : $y = 16^m,30$, $y' = 13^m,70$, $y'' = 8^m,00$.

D'où : $y'' - y = 8^m - 16^m,30 = 8^m,30$ et $y' - y = 13^m,70 - 16^m,30 = 2^m,60$: ces valeurs étant substituées dans la formule précédente, leur signe (—) disparaîtra, mais on peut l'éviter *à priori*, car si dans la *fig.* 148 la *cote* y eût été supposée plus grande que la *cote* y' et que la *cote* y'', il est facile de reconnaître que les mêmes constructions auraient conduit à la formule $x = \dfrac{x'(y-y'')}{y-y'}$ dans laquelle il faut substituer à $(y-y'')$ et à $(y-y')$ les valeurs positives $8^m,30$ et $2^m,60$; on a alors :

$$x'' = \frac{0,5 \times 8,30}{2,60} = \frac{415}{2,60} = \frac{83}{52} = 1,599$$

ou à très-peu près, $x'' = 1^m,60$; réduite à l'échelle, cette valeur devient $0^m,16$. Nous la prendrons sur l'échelle, et la portant de m^h en m'''^h du côté des *cotes* décroissantes, le point m^h sera le point demandé.

Si l'on demandait la trace de la droite sur le plan de comparaison ou le point ayant pour *cote zéro*, il suffirait de faire $y'' = 0$, d'où $x'' = \dfrac{yx'}{y'-y}$. Il faut avoir soin de porter les distances négatives d'un côté opposé à celui sur lequel on porte les distances positives.

164. Problème 3. *Trouver l'inclinaison d'une droite sur le plan de comparaison.*

On sait que cette inclinaison est mesurée par l'angle de la droite avec sa projection sur le plan, elle sera donc donnée par la *fig* (148) de laquelle on tire :

$$\tan \widehat{lmm'} = \frac{lm'}{lm} = \frac{y'-y}{x'}$$

Si nous supposons qu'il s'agisse de la droite D (*fig.* 140), nous aurons :

$$y'-y = 4^m,40, \quad \text{et} \quad x' = 2^m,00$$

ne posant :

$$\widehat{lmm'} = \overset{\wedge}{\alpha}, \text{ on a : } \tan \alpha = \frac{4^m,40}{2} = 2^m,20$$

d'où

$$\log \tan \alpha = \log 2,20 = 0,3424227 = \log \tan (65 33',22'')$$

donc : $\alpha = 65^\circ, 33', 32''$.

165. Problème 4. *Trouver sur une droite donnée la distance de deux points.* Le triangle rectangle mlm' (*fig.* 143) donne :

$$mm' = \sqrt{\overline{ml^2 + lm'^2}} \quad \text{ou} \quad \Delta = \sqrt{x^2 + (y-y')^2}$$

Soit demandée, par exemple, la distance des points m et m' (*fig.* 149), nous avons

(n° 162) $x' = 2^m$, $y' = 4^m,4$; ces valeurs, substituées dans la formule, donneront mm' ou

$$\Delta = \sqrt{2^2 + (4,4)^2} = \sqrt{4 + 19,36} = \sqrt{23,36}$$

ou enfin $\Delta = 4^m,8382$.

166 Problème 5. *Trouver sur une droite donnée un point distant d'un point donné, d'une quantité déterminée.* Supposons que m' soit le point demandé, il faut connaître $m^h m''^h$ ou x'' et $m''^h m''$ ou y'' ; pour cela nous avons déjà trouvé (n° 162)

$$y'' - y = \frac{x'' (y' - y)}{x'}$$

puis le triangle rectangle $mm''k$ donne :

$$\Delta^2 = x''^2 + (y'' - y)^2 = x''^2 + \frac{x''^2 (y' - y)^2}{x'^2} = \frac{x''^2 [x'^2 + (y' - y)^2]}{x'^2}$$

d'où

$$x''^2 = \frac{\Delta^2 x'^2}{x'^2 + (y' - y)^2} \qquad \text{et} \qquad x'' = \mp \frac{\Delta x'}{\sqrt{x'^2 + (y' - y)^2}}$$

puis n° (162) :

$$y'' = y \mp \frac{\Delta (y' - y)}{\sqrt{x'^2 + (y' - y)^2}}$$

Soit demandé de porter sur la droite D (*fig.* 151) et à partir du point m une longueur égale à 6^m. Ayant porté la distance horizontale $m^h m'^h$ sur l'échelle (*fig.* 146), supposons qu'on ait trouvée de $0^m,027$, d'où $x' = 2^m,70$; on a d'ailleurs $y = 18^m,00$ et $y' = 25^m,00$, en substituant ces valeurs dans les formules précédentes, elles donneront

$$x'' = \pm \frac{6 \times 2,7}{\sqrt{(2,7)^2 + (7)^2}} = \frac{16,2}{\sqrt{56,29}} = \frac{16,2 \sqrt{56,29}}{56,29} = \pm \frac{\sqrt{14778,3766}}{56,29} = \pm \frac{12156,63}{5629} = \pm 2,15\ldots$$

Portant donc de part et d'autre de m^h une longueur $0^m,0215$, mesurée sur l'échelle (*fig.* 147), on aura deux points m''^h et m'''^h qui seront les projections horizontales des points satisfaisant à la question ; pour en avoir les *cotes*, puisque nous connaissons x'', nous emploierons la formule

$$y'' = y \pm \frac{x'' (y' - y)}{x'}$$

qui donne

$$y'' = 18^m \pm \frac{2,15 \times 7}{2,7} = 18^m \pm \frac{150,5}{27} = 18 \pm 5,57$$

donc la *cote* du point m'' sera $y'' = 23^m,57$, et celle du point m''' sera $y''' = 12^m,43$, à très-peu près.

Il y a deux valeurs égales et de signes contraires de x'', parce que l'on peut prendre le point m''^h de part et d'autre de m^h, et les deux valeurs de y'' répondent respectivement à ces deux points qui, évidemment, doivent avoir des *cotes* différentes.

167. Pour que deux droites soient parallèles, il est évident que leurs projections horizontales doivent être parallèles, les *cotes* de leurs points doivent croître dans le même sens, et les distances horizontales de deux points de chaque droite doivent être proportionnelles aux différences de leurs *cotes* (n° 22).

Réciproquement, si ces conditions sont remplies, les droites sont évidemment parallèles. Il est donc facile de mener par un point donné une droite parallèle à une droite donnée.

168. Problème 6. *Trouver l'angle de deux droites.* Si les droites proposées ne se coupent pas, on leur mènera, par un point quelconque, des parallèles (n° 167), dont l'angle sera celui demandé. Pour avoir cet angle, on peut employer plusieurs procédés ; ainsi, par exemple, on peut :

1° Prendre sur les deux droites A et B (*fig.* 152), deux points ayant mêmes *cotes* ; pour cela on cherche sur la droite B le point p, dont la *cote* est égale à la *cote* connue du point m de la droite A, la droite mp est alors horizontale et par conséquent égale à sa projection $m^h p^h$ (n° 56, 1°). Si l'on cherche les longueurs P et M (n° 163) des portions dm et dp des droites A et B, on connaîtra les trois côtés du triangle dmp, on pourra donc conclure l'angle cherché mdp. Soient 1° la droite A donnée par le point d ayant la *cote* ($3^m,5$) et par le point m ayant la *cote* ($2^m,8$), et supposons que $d^h m^h = 0^m,02$, et 2° la droite B donnée par le point d ayant la *cote* ($3^m,5$), et par le point n ayant la *cote* ($1^m,24$), et supposons que $d^h n^h = 0^m,045$. Nous aurons d'abord le point p^h par la formule (n° 163) :

$$d^h p^h = \frac{0,015(3,5 - 2,8)}{3,5 - 1,24} = \frac{3,15}{226} = 0^m,014 \text{ (à très-peu près)}$$

Puis nous aurons (n° 165) :

$$P = \sqrt{4 + 0,49} = 2^m,12, \quad M = \sqrt{1,96 + 0,49} = 1^m,56, \quad D = 1^m,40$$

La trigonométrie donne ensuite les formules :

$$\cos \tfrac{1}{2} d = \frac{\sqrt{S(S-D)}}{MP} \quad \text{et } \tan \tfrac{1}{2} d = \frac{\sqrt{(S-M)(S-P)}}{S(S-D)}$$

en désignant par d l'angle des deux droites et en faisant $S = \dfrac{M+N+D}{2}$.

En substituant les valeurs précédentes $M = 1^m,56$, $P = 2^m,12$, $D = 1^m,40$, nou.. aurons :

$$S = \frac{1,56 + 2,12 + 1,40}{2} = 2^m,54, \; S-M = 0^m,98, \; S-N = 0^m,42, \; S-D = 1^m,14$$

d'où

$$\tan \tfrac{1}{2} d = \frac{\sqrt{0,98 \times 0,42}}{2,54 \times 1,14}$$

donc

$\log \tan \tfrac{1}{2} d = \tfrac{1}{2} \log 0,98 \times \tfrac{1}{2} \log 0,42 \times \tfrac{1}{2} \text{comp}^t \log 2,54 + \tfrac{1}{2} \text{comp}^t \log 1,14 = \overline{1},99561304 +$

$+ \overline{1},81162464 + 4,79758314 + 4,97154757 = 9,5763684 = \log \tan (20° 39' 27'')$

donc

$$d = 41°18'54''$$

2° On pourrait, sur les deux côtés A et B de l'angle cherché, prendre des longueurs égales ; pour cela on prendra sur A^h un point m^h, on cherchera la vraie longueur de la droite dm (n° 165), puis on déterminera sur B^h un point n^h tel que $dn = dm$ (n° 166), et joignant $m^h n^h$, on cherchera encore la vraie longueur de mn, on connaîtra les trois côtés du triangle dmn, on calculera donc l'angle d par les formules que fournit la trigonométrie ; je n'appliquerai pas cette méthode à un exemple, on pourra facilement s'y exercer.

169. PROBLÈME 7. *Étant donné un plan par son échelle de pente et la projection d'un point de ce plan, trouver sa cote* (*fig. 153*). L'échelle de pente étant déterminée par sa projection E^h, et les *cotes* de deux points m et n étant pour le premier ($3^m,54$), et pour le second ($8^m,12$), et l'intervalle $m^h n^h$ étant égal à $0^m,05$, on cherchera d'abord deux points p et q dont les *cotes* soient respectivement les nombres entiers 3 et 8 (n° 162), on mesurera l'intervalle $p^h q^h$, et, divisant cet intervalle en cinq parties égales, on cotera les points de divisions 4, 5, 6, 7, il sera dès lors facile de prolonger ces divisions et de trouver tel point que l'on voudra ; mais on peut se dispenser, si l'on veut, de faire cette opération préalable ; il suffira de

remarquer que le point a est situé sur une horizontale du plan dont la projection K^h est perpendiculaire à E^h, elle coupe E en un point r dont nous chercherons la *cote* (n° 163), elle sera en même temps celle du point a.

Supposons, par exemple, que r^h tombe entre les points m^h, n^h, et que l'on ait $m^h r^h = 0^m,036$; dans la formule (n° 162) $y'' = y + \dfrac{x'(y'-y)}{x'}$, nous connaissons :

$$y = 3^m,54, \; y' = 8^m,12, \; x' = 5^m, \; y'' = 3^m,6, \; \text{d'où} \; y' - y = 8^m,12 - 3^m,54 = 4^m,58$$

donc en substituant nous aurons :

$$y'' = 3^m;54 + \frac{4^m,58 \times 3,6}{5} = 3^m,54 + 4^m,58 \times 0,72 = 3^m,54 + 3^m,2976$$

donc enfin la *cote* cherchée du point a est $y'' = 6^m,8376$.

On écrit l'échelle de pente d'un plan par deux *traits* parallèles très–rapprochés, et on la divise toujours en parties égales de manière que les *cotes* des points de division forment la série des nombres entiers, parce qu'il est alors plus facile de trouver les *cotes* des divers points du plan.

170. PROBLÈME 8. *Trouver l'intersection de deux plans.* Ce problème a été résolu (n° 100) à l'aide de deux projections, nous suivrons donc les mêmes constructions en remplaçant les projections verticales par des *cotes*.

1° Si les projections E^h et E'^h (*fig.* 154) des échelles de pente ne sont pas parallèles, nous prendrons deux points m et n sur E dont les *cotes* soient les nombres entiers 8^m et 3^m (n° 163), et nous mesurerons la distance horizontale $m^h n^h$ que je suppose de $0^m,072$; nous chercherons sur E' deux points m' et n' ayant les mêmes *cotes* 8^m et 3^m et nous mesurerons la distance horizontale $m'^h n'^h$ que je suppose de $0^m,043$; puis des points m et m' nous conduirons deux horizontales K et K' se coupant en un point k ayant la *cote* 8^m, et ce point k appartiendra à l'intersection 1 cherchée ; des points n et n' nous conduirons deux autres horizontales G et G' se coupant en un second point g ayant la *cote* 3^m et qui appartiendra encore à l'in—tersection I, des deux plans ; l'intersection I est ainsi déterminée.

2° Si les projections E^h et E'^h (*fig.* 155) sont parallèles, alors K^h et K'^h, G^h et G'^h ne se coupent plus, mais dans ce cas I^h doit être parallèle à K^h et K'^h puisqu'elle doit passer par leur point de concours situé à l'infini ; pour en avoir un point, nous prendrons sur K et K' deux points arbitraires k et k' que nous unirons par une droite A, puis sur G et G' nous appliquerons une droite B parallèle à A, ces droites A et B seront deux horizontales d'un troisième plan coupant les plans proposés suivant les droites $\overline{gk}$ et $\overline{g'k'}$ lesquelles se coupent en un point x de l'intersection I demandée. Menant par le point x^h une parallèle aux projections des horizontales des deux plans donnés (ou, une perpendiculaire à leurs échelles de pente qui sont parallèles) on aura l^h; pour avoir la *cote* du point x, on peut la calculer sur l'une des droites $\overline{gk}$ et $\overline{g'k'}$; on peut aussi remarquer que l étant horizontale rencontre E et E′ en des points qui doivent avoir la même *cote*, laquelle sera celle du point x.

3° Il est évident qu'en menant d'autres droites quelconques telles que A et B, on peut trouver autant de points que l'on veut de I, de sorte que cette solution conviendra encore au cas où les projections E^h et E'^h, sans être parallèles, font un angle très-petit, auquel cas les droites K^h et K'^h G^h, et G'^h ne se croisent qu'au delà des limites du dessin; on trouvera deux points comme dans le second cas, on les unit et l'on a l^h; pour avoir les *cotes* des points x et x' on peut par ces points mener des horizontales de l'un des plans, et chercher les *cotes* des points où elles rencontrent l'échelle de pente du plan considéré.

171. PROBLÈME 9. *Trouver l'intersection d'une droite et d'un plan* (*fig.* 56). Par un point de la droite donnée D, menons une droite quelconque K, que nous considérerons comme une horizontale d'un plan passant par la droite D, puis dans le plan donné, menons une horizontale G ayant la même *cote* que la droite K, les droites K et G seront dans un plan horizontal, et se couperont en un point a de l'intersection I du plan donné et du plan (D,K). Menant deux autres horizontales K′ et G′ ayant aussi même *cote*, elles se couperont en un second point a' de cette intersection I, qui sera ainsi déterminée; la droite l ira couper la droite D, en un point z, qui sera le point demandé.

172. PROBLÈME 10. *Par un point donné abaisser une perpendiculaire sur un plan donné.* La projection de la perpendiculaire N devant être perpendiculaire à celle d'une horizontale du plan P, sera parallèle à E^h (en désignant par E l'échelle de pente du plan donné P). De plus, les *cotes* des droites N et E croîtront en sens inverse, et les inclinaisons de ces mêmes droites seront complémentaires. En effet, par le point où la normale N perce le plan, concevons une ligne de plus grande pente A, le plan (A,N) sera vertical; prenons-le pour plan vertical de projection (*fig.* 157) A^h et N^h seront situés sur LT, les droites A et N se coupent en un point a et sont perpendiculaires entre elles : donc les angles qu'elles font avec LT sont complémentaires. On aura donc tang $\epsilon = \cot \alpha$, mais ayant abaissé sur LT la perpendiculaire aa^h et mené les horizontales pl, nq, on a :

$$\cot \alpha = \frac{pl}{al}, \quad \tan \epsilon = \frac{xq}{nq}$$

donc l'on a : $pl : al :: xq : nq$; de sorte que si on prend $nq = al$, on aura $aq = pl$. Si donc on a sur E^h (*fig.* 158) la distance $m^h m'^h = 2^m,65$ (en la prenant sur l'échelle) et la différence des *cotes* $y' — y = 5^m$, prenant à la même échelle sur N^h la distance $p^h p'^h = 5^m$, on aura $y_1 — y_1' = 2^m,65$ et par conséquent $y_1' = y_1 — 2^m,65 = 7^m,18 — 2^m,65 = 4^m,53$.

173. Problème 11. *Par un point donné mener une perpendiculaire à une droite donnée.* Par le point p je mènerai d'abord un plan perpendiculaire à la droite donnée D, son échelle de pente aura sa projection E^h parallèle à D^h. Cherchant ensuite l'intersection a de la droite D et du plan, ce sera le pied de la perpendiculaire demandée : donc cette perpendiculaire sera la droite qui unira le point trouvé a au point donné p.

174. Problème 12. *Trouver l'angle d'une droite et d'un plan.* Par un point de la droite, on abaissera une perpendiculaire sur le plan (n° 172), puis, cherchant l'angle de cette normale et de la droite donnée (n° 168), il sera le complément de l'angle cherché (n° 119, 2°).

175. Problème 13. *Trouver l'angle de deux plans.* Par un point arbitraire m, nous abaisserons des perpendiculaires N et P (n° 172) sur chacun des deux plans donnés, et l'angle de ces perpendiculaires (n° 168) mesurera l'angle des deux plans (n° 127, 8°).

176. Problème 14. *Par une droite donnée mener un plan qui fasse avec le plan de comparaison un angle donné.* L'inclinaison d'un plan sur le plan de comparaison est égale à celle de son échelle de pente sur le même plan de comparaison. Soit donc $\frac{i}{t}$ l'inclinaison donnée du plan cherché sur le plan de comparaison, si par le point m (*fig.* 159) on mène une ligne de plus grande pente du plan cherché, et si l'on suppose que l'on connaisse la trace horizontale a de cette ligne de plus grande pente, on aura un triangle $a m m^h$ dans lequel $m m^h : a m^h :: 5 : 1$; or, $m m^h = 1?^m$, donc $a m^h = 10,4$. Cette distance réduite à l'échelle convenue (n° 161) sera de $0^m,104$; il faudrait donc du point m^h comme centre et avec un rayon égal à $0^m,104$ décrire une circonférence de cercle ; puis sachant que la trace horizontale du plan doit passer par les traces horizontales de la droite donnée et de la ligne de plus grande pente, et que de plus elle doit être perpendiculaire à la projection horizontale de la ligne de plus grande pente, elle ne pourra être autre qu'une droite tangente au cercle ci-dessus tracé, et passant par la trace horizontale de la droite D. Or, il peut arriver que cette trace horizontale soit hors des limites du dessin, et aussi que le rayon du cercle soit trop grand ; mais on peut rapporter la figure à un plan parallèle au plan de comparaison, et choisir, par exemple, celui qui passe par le point n, dont la *cote* est $7^m,00$; alors la *cote* du point m rapporté à ce nouveau plan ne sera

que : $13^m - 7^m = 6^m$, ce sera la hauteur h du triangle rectangle, on aura donc la base b de ce triangle ou le rayon du cercle par la proportion :

$$b : h :: 4 : 5 \qquad \text{d'où } b = \frac{4h}{5} = 4^m,80$$

puis le plan mené par le point n coupant le plan cherché, suivant une horizontale dont la projection horizontale doit être perpendiculaire à celle de la ligne de plus grande pente, si du point m^h comme centre et avec un rayon égal à $0^m,048$ on décrit une circonférence de cercle C^h, que du point n^h on lui mène une tangente qui la touche en p^h, la droite $m^h p^h$ sera la projection de l'échelle de pente du plan cherché. Du point n^h on peut mener une seconde tangente au cercle C^h, et si l'on joint le point de contact p'^h au point m^h on aura la projection de l'échelle de pente d'un second plan qui résout pareillement le problème proposé.

Si le point n^h était sur le cercle, c'est-à-dire si $m^h n^h$ était égal à $0^m,48$, il n'y aurait qu'une solution : la droite D serait elle-même l'échelle de pente du plan. En effet, dans ce cas, la *pente* de la droite D serait exprimée par le rapport

$$\frac{13 - 7}{4,8} = \frac{60}{48} = \frac{5}{4}.$$

Il n'y aurait pas de solution si n^h était dans le cercle, ou si $m^h n^h$ était moindre que $0^m,048$; en effet alors la *pente* de la droite D serait plus grande que $\frac{5}{4}$ et par conséquent elle ne pourrait se trouver sur un plan dont la ligne de plus grande *pente* n'aurait sur le plan de comparaison qu'une inclinaison égale à $\frac{5}{4}$.

Des projections obliques et des ombres portées.

177. Si l'on projette un point de l'espace orthogonalement et obliquement sur un plan, la droite qui unit les deux projections est évidemment la projection orthogonale de la droite qui projette obliquement le point. Si donc on a dans l'espace un système de points, les droites qui les projettent obliquement étant parallèles, leurs projections sont aussi parallèles : donc les deux projections de chaque point du système sont sur des droites qui sont toutes parallèles entre elles. Cela posé, connaissant les projections d'une droite, et sur ces projections celles d'un point, il sera facile de trouver les projections de tout autre point de cette droite.

Il est évident que la trace d'une droite sur le plan de projection, que nous considérerons comme horizontal, doit se trouver à la fois sur les deux projections de la droite, et par conséquent elle est au point où ces deux projections se croisent.

Lorsqu'une droite est horizontale ses deux projections sont parallèles ; si la droite est verticale, la projection orthogonale se réduit à un point, mais la projection oblique est une droite passant par ce point et parallèle aux droites qui unissent les deux projections d'un même point ; si la droite était parallèle à la droite projetant obliquement un point, sa projection oblique se réduirait à un point, et sa projection orthogonale serait une droite passant par ce point et parallèle aux droites qui unissent les deux projections d'un même point.

Enfin, si deux droites sont parallèles, leurs projections de *même nom* sont parallèles.

178. La trace horizontale d'un plan est perpendiculaire à la projection orthogonale de sa ligne de plus *grande pente*, et les deux projections d'une horizontale de ce plan sont parallèles à cette trace (n° 175) ; d'après cela on peut résoudre le problème suivant :

PROBLÈME 15. *Étant connue la projection orthogonale d'un point situé sur un plan, trouver sa projection oblique ou réciproquement (fig. 160) (*).*

1° Soient D la ligne de plus grande pente d'un plan, a un point de cette droite (ce point n'est évidemment déterminé dans l'espace que lorsqu'on connaît, ce qu'il faut toujours supposer, l'inclinaison des lignes projetantes obliques), et x^h la projection orthogonale d'un point x du plan ; par ce point et dans le plan on peut concevoir une horizontale B ; sa projection horizontale B^h passera par x^h et sera perpendiculaire à D^h ; les droites B et D étant dans un même plan se coupent en un point m dont la projection orthogonale est en m^h à l'intersection de D^h et de B^h ; donc si de m_h on mène une parallèle à la direction $a^h a^o$ des lignes projetantes obliques, le point m^o où elle rencontrera D_o sera la projection oblique du point m de la droite B, mais cette droite étant horizontale, B^o sera parallèle à B^h (n° 176) ; puis le point x étant sur la droite B, si de x^h on mène une parallèle à $a^h a^o$, elle coupera B^o au point demandé x_o.

2° Soient D la ligne de plus grande pente du plan, a un point de cette droite, et x^o la projection oblique d'un point x situé sur ce plan ; par le point x passe une

(*) Nous désignons la projection oblique d'un point m par m^o et d'une droite D par D^o (cette proection oblique étant située sur le plan horizontal des projections orthogonales).

horizontale B du plan, les deux projections (l'une *orthogonale* et l'autre *oblique*) de cette horizontale sont parallèles et B^h est perpendiculaire à D^h ; donc B^o est aussi perpendiculaire à D^h et passe par le point x^o; puis les droites B et D étant dans un même plan, se coupent en un point m dont m^o intersection de D^o et de B^o est la projection oblique, on en conclut m^h ; menant ensuite par ce point m^h une parallèle à B^o, on aura B^h ; enfin, menant de x^o une parallèle à a^o a^h, elle viendra couper B^h au point cherché x^h.

179. Problème 16. *Connaissant les projections orthogonales d'un point, la direction et l'inclinaison des droites projetantes, trouver la projection oblique de ce point, sur le plan horizontal* (fig. 161). Par le point donné m il faudra mener une droite B parallèle à la droite donnée D (n° 24) et en chercher la trace horizontale qui sera la projection m^o demandée. On pourrait aussi par un changement de plan se ramener au cas où D serait parallèle au plan vertical et l'on peut faire passer la nouvelle ligne de terre par m^h ; alors la droite B sera dans le plan vertical, elle fera avec L'T' l'angle que D fait avec le plan horizontal, et elle coupera L'T' au point m^o demandé.

Cette dernière solution est celle que l'on est obligé d'employer quand on donne le point m par sa projection horizontale et sa *cote* de hauteur (*fig.* 162) et qu'en même temps la droite D est donnée par sa projection horizontale et son inclinaison α, ou par les *cotes* de deux de ses points, d'où l'on peut conclure cette inclinaison α ; alors de m^h on mène B^h parallèle à D^h, on élève m^h m perpendiculaire à B^h et égale à la *cote* du point m réduite à l'échelle convenue (lorsqu'on n'exécute pas un dessin de grandeur naturelle), du point m on mène une droite B faisant avec B^h un angle α, et le point m^o intersection de B et B^h est la projection oblique demandée.

Si la droite D représentait la direction d'un *rayon de lumière*, ce point m^c sera *l'ombre portée* du point m sur le plan horizontal. On aurait de même son ombre portée sur le plan vertical.

180. Problème 17. *Connaissant la projection et l'ombre portée d'un point, et l'inclinaison du rayon de lumière, trouver la cote de hauteur du point* (fig. 162). Si l'on joint les projections m^h et m^o du point m par une droite, elle représentera la projection orthogonale de la droite B projetant obliquement le point m ; donc si au point m^o on mène une droite B faisant avec B^h l'angle α égal à l'inclinaison connue du rayon de lumière, et si de m^h on élève une perpendiculaire à B^h jusqu'à sa rencontre m avec B, la droite m^h m sera égale à la *cote* de hauteur cherchée du point m.

181. Problème 18. *Trouver l'ombre portée d'un polyèdre quelconque sur le plan horizontal.* Soit, par exemple, un tronc de pyramide à bases non parallèles (fig. 163) dont on demande l'ombre portée sur le plan horizontal. Supposons que le plan horizontal soit précisément le plan de la base abcde de la pyramide, les points de

la section peuvent être donnés par deux projections orthogonales, ou simplement par leurs projections horizontales et leurs *cotes* de hauteur, et comme ces dernières données conduisent immédiatement à la détermination de la projection verticale, je suppose le tronc pyramidal donné par ses deux projections et de plus je prends le plan vertical de projection perpendiculaire au plan de la section, cas auquel on pourra toujours se ramener par un changement de plan vertical ; puis donnant la droite R (*direction* des rayons de lumière) par sa projection R^h et son inclinaison α sur le plan horizontal, nous en conclurons sa projection verticale R^v. Cela posé, nous déterminerons les projections obliques (n° 179) des sommets a', b', c', d', e', de la base supérieure du tronc de pyramide et unissant ces projections par des droites, nous aurons la projection oblique de cette base supérieure ; unissant de même ces projections respectivement aux sommets correspondants de la base *abcde*, nous obtiendrons les projections obliques des arêtes du tronc de pyramide et par suite les projections des diverses faces de ce tronc.

Pour trouver maintenant l'ombre portée du tronc de pyramide sur le plan horizontal, remarquons d'abord que tous les rayons lumineux étant parallèles à R, ceux qui passent par les divers points de l'arête bb' forment un plan dont bb'^o est la trace horizontale, de sorte que bb'^o est l'ombre portée de cette arête ; de même $b'^o a'^o$ et aa'^o sont les ombres portées des arêtes $b'a'$ et aa', et la droite ab étant sur le plan horizontal, est à elle-même son ombre portée ; il résulte évidemment de là que l'ombre portée d'un point quelconque de la face $abb'a'$ est toujours dans le quadrilatère $abb'^o a'^o$, ou, en d'autres termes, que ce quadrilatère est l'ombre portée de la face $abb'a'$; on verra de même que $aa'^oe'^oe$, $ee'^od'^od$, $dd'^oc'^oc$, cc'^ob' b sont les ombres portées des faces $aa'e'e$, $ee'd'd$, $dd'c'c$, $cc'b'b$, et que $a'^ob'^oc'^od'^oe'^o$ est l'ombre portée de la base supérieure $a'b'c'd'e'$; mais comme l'ombre portée doit être évidemment au delà de la pyramide, il est évident qu'elle sera comprise dans l'espace $bacdd'^oe'^oa'^ob'^ol$, en supprimant des quadrilatères ci-dessus les portions comprises dans la base *abcde.*

Mais dans la théorie des ombres, outre l'ombre portée, on se propose encore de découvrir quelles sont les parties de la surface du corps proposé qui reçoivent des rayons de lumière ou qui sont éclairées, et celles qui n'en reçoivent pas ou qui sont dans l'ombre, et, par suite, de déterminer la ligne de séparation de ces deux parties et que l'on nomme *ligne de séparation d'ombre et de lumière.* Or, dans notre exemple, il est facile de reconnaître que si l'on mène des rayons lumineux par tous les points du contour de la face $bb'c'c$, ce qui formera quatre plans ayant pour traces horizontales les droites bc, bb'^o, $b'^oc'^o$, cc'^o, tout rayon de lumière mené dans l'intervalle compris entre ces quatre plans rencontrera la face $bb'c'c$; donc cette face est éclairée ; il en est de même des deux faces $cc'd'd$, $a'b'c'd'c'$; mais les rayons lumineux menés par les divers points des arêtes bb' et $b'a'$, passant au delà de la face $abb'a'$, cette face est dans l'ombre, il en est de même des deux autres faces $aa'e'e$ et $ee'd'd$, c'est pourquoi nous les avons *ombrées*; enfin la ligne brisée $bb'a'e'd'd$ forme la ligne de séparation d'ombre et de lumière de la surface proposée.

Remarquons que la série des plans formés par les rayons lumineux menés par les divers points de la ligne brisée $bb'a'e'd'd$, le plan horizontal et les deux faces $bb'c'c$ et $cc'd'd$, déterminent un polyèdre qui cache les droites $aa'^{o}ee'^{o}cc'^{o}b'^{o}c'^{o}$, $e'^{o}d'^{o}$, que nous avons, par cette raison, ponctuées; de sorte que l'ombre portée de la ligne de séparation d'ombre et de lumière a seule été tracée en *ligne pleine*. C'est toujours ainsi que l'on doit *ponctuer* quand on résout une question d'ombre portée ; mais si l'on s'était proposé une simple question de projection, alors les autres lignes étant les projections de lignes vues, auraient dû aussi être tracées en plein.

182. Si l'on connaissait la projection horizontale et l'ombre portée d'un polyèdre sur le plan horizontal, en même temps que l'inclinaison des rayons lumineux, il serait facile de trouver la projection verticale du polyèdre, ou les *cotes* de hauteur de tous ses sommets, et par conséquent le polyèdre serait complétement connu. En effet, soient données la projection horizontale $abcdea'^{h}b'^{h}c'^{h}d'^{h}e'^{h}$, d'un tronc de pyramide pentagonale, son ombre portée $baedd'^{o}e'^{o}a'^{o}b'^{o}b$ sur le plan horizontal, et l'inclinaison α du rayon de lumière ; prenant R^{h} parallèle à $a'^{h}a'^{o}$ ou à $b'^{h}b'^{o}$, etc..., cette droite nous représentera la projection horizontale du rayon de lumière ; menant la droite R, faisant avec R^{h} l'angle α, on aura ce rayon dans son plan vertical projetant, nous pourrons en conclure sa projection R^{v} sur un plan vertical quelconque LT ; puis les points b'^{o}, a'^{o}, e'^{o}, d'^{o} étant les traces horizontales de droites parallèles à R et menées respectivement par les sommets b', a', e', d' du tronc de pyramide, si on les projette sur la ligne de terre en β, α, ε, δ, et si, de ces points on mène des parallèles à R^{v}, les points b'^{v}, a'^{v}, e'^{v}, d'^{v} seront les intersections de ces droites et des perpendiculaires à LT, abaissées des points b'^{h}, a'^{h}, e'^{h}, d'^{h}. Pour avoir le cinquième sommet c', nous remarquerons que si l'on connaissait c'^{o} on trouverait c'^{v} comme on a trouvé les projections verticales des autres sommets; on peut se procurer ce point c'^{o}, car il est évident que les droites aa'^{o}, bb'^{o}, dd'^{o}, ee'^{o}, projections obliques des arêtes de la pyramide, concourent en un point s^{o}, projection du sommet s de ce polyèdre; donc c'^{o} doit être sur la droite cs^{o}; il est d'ailleurs sur une parallèle à R^{h} et menée de c'^{h}; donc il est à l'intersection de ces deux lignes. Le point s^{o}, que nous avons considéré, sera souvent hors des limites du dessin et la construction précédente ne fournira plus dès lors ce point c'^{o}; mais dans ce cas, menons par c'^{h} une parallèle à cb et rencontrant bb'^{h} en un point x^{h}, la droite $c'^{h}x^{h}$ sera la projection horizontale d'une droite $c'a$, située dans le plan de la face $bcc'b'$ et parallèle à bc, et par conséquent d'une horizontale de ce plan ; si

donc on prend la projection oblique x' du point x (n° 177), et si de x^o on mène une parallèle à $x^h c'^h$ ou à bc, cette droite sera la projection oblique de xc' (n° 177), elle contiendra donc le point c'^o, qui se trouve aussi sur une parallèle à R^h menée du point c'^h. On trouverait de la même manière la projection oblique de tout autre sommet non situé sur la ligne de *séparation d'ombre et de lumière*.

Si l'on suppose que le rayon de lumière est incliné à 45° sur le plan horizontal, la projection orthogonale sur ce plan et l'ombre portée sur ce même plan d'un polyèdre situé dans l'espace, suffisent pour fixer la position de ce corps ; et l'on peut très-facilement trouver au moyen de ces deux projections sur un même plan, la hauteur de chacun des sommets du polyèdre au-dessus de ce plan de projection, puisque cette hauteur sera égale à la distance de la projection orthogonale d'un sommet à sa projection oblique.

On a donc dans ce système de projection oblique quelque chose qui offre de l'analogie avec le système *des plans cotés*, où l'on n'a aussi qu'un seul *dessin* sur un seul *plan de projection*. (**)

Des projections coniques et de la perspective.

183. Étant donné un point fixe o dans l'espace, et un point quelconque m, la droite om sera une ligne projetante du point m, et le point où elle ira rencontrer un plan donné sera la projection *conique*, ou *centrale*, ou *polaire* du point m, le point o étant le *centre* ou le *pôle* des projections. Si l'on projette de même tous les points d'un corps, la projection conique ainsi obtenue sera l'ombre portée du corps sur le plan de projection, si le point o est un *point lumineux*, et elle en sera la perspective, si le point o est l'*œil* d'un observateur. Il faut cependant, pour avoir l'ombre portée, que le corps éclairé soit placé entre le point lumineux et le plan de projection, sans quoi ce serait une simple projection conique. Dans la théorie de la perspective, le plan qui reçoit la projection conique et que l'on nomme *tableau*, est ordinairement placé entre le corps et l'œil de l'observateur, mais rien n'empêcherait de le placer au delà du corps projeté coniquement sur ce plan.

184. Les droites projetant coniquement les divers points d'un système, passant toutes par le pôle o, il est évident que les projections orthogonales de ces droites sur le *géométral* (n° 159), que nous considérerons comme plan horizontal de projection, passeront toutes par le point o^h, et leurs projections sur le *tableau* passeront toutes par o^p (*), pied de la perpendiculaire abaissée du point o sur le plan servant de *tableau*.

(*) Désignant par o^p la projection polaire ou centrale sur le plan du tableau, ou, en d'autres termes, la perspective du point o de l'espace, et par D_i la projection centrale ou polaire ou, en d'autres termes, la perspective d'une droite D de l'espace sur le même plan, c'est-à-dire, sur le *tableau*.

(**) Voir la note III placée à la fin de la première partie. E. R.

Les projections horizontale et polaire d'un point m sont telles, que si l'on joint m^h et o^h par une droite D^h, elle ira rencontrer la base du tableau au pied de la perpendiculaire abaissée de m^p sur cette base.

185. La projection conique d'une droite est une droite qui est l'intersection du tableau et du plan mené par la droite donnée et le point o. Tous les plans projetants passant par le point o se coupent, donc si l'on a deux droites parallèles D et D′ leurs plans projetants se couperont suivant une droite K parallèle à D et D′, qui ira rencontrer le tableau en un point b, par lequel passeront les intersections de ces plans et du tableau ; donc les projections coniques ou les perspectives de deux droites parallèles se coupent. Quel que soit le nombre des droites parallèles, leurs plans projetants se couperont tous suivant une même droite K, et par conséquent les perspectives de toutes ces droites passeront par un même point b, que l'on nomme *point de concours* ou *point de fuite*. Si l'on a plusieurs systèmes de droites parallèles, il existe un point de concours pour chaque système.

Si les droites parallèles sont perpendiculaires au tableau, la droite K est aussi perpendiculaire au tableau, et le point de concours b n'est autre que o^p. Si les droites proposées sont parallèles au tableau, la droite K est aussi parallèle au tableau, et le point b est transporté à l'infini ; donc les perspectives de droites parallèles entre elles et au tableau sont parallèles. Si les droites données sont inclinées à 45° sur le tableau, la droite K fera aussi un angle de 45° avec le tableau, et elle le percera en un point b, de sorte que le triangle obo^p, rectangle en o^p, sera isocèle, et l'on aura $o^pb = oo^p$. Enfin si dans ce cas les droites parallèles sont de plus horizontales, la droite K sera aussi horizontale, le point de concours b et le point o^p seront donc sur une même parallèle à la base du tableau, et dans ce cas le point de concours prend le nom de *point de distance*. Il y a deux points de distance situés de part et d'autre de o^p, parce que l'on peut mener deux droites K et K′ horizontales et inclinées à 45° sur le tableau.

186. Un plan indéfini est déterminé par ses traces sur le *géométral* et sur le *tableau*, comme nous allons le démontrer en résolvant le problème suivant :

Problème 19. *Connaissant la projection orthogonale d'un point situé sur un plan donné par ses traces, trouver sa projection conique, et réciproquement* (*fig.* 164).

1° Soient H^n et P^n (*) les traces d'un plan R, et x^h la projection d'un point de ce plan sur le *géométral* ; par ce point x passe une horizontale D du plan R, sa projection D^h est parallèle à H^n, et elle perce le plan du *tableau* en a, ce point a est un point de D^p ; pour connaître la seconde projection de la droite D, il suffirait

---

(*) Nous désignons par P la trace d'un plan sur le *tableau* ; le plan étant désigné par R, sa trace sur le *tableau* sera P .

d'avoir le point de concours des horizontales du plan R ; or, parmi ces horizontales, il y en a une D′ située avec le point o sur un plan horizontal, et dont la projection D′^{p} est par conséquent parallèle à LT ; elle perce le plan du tableau au
point a' qui se projette en a'^h, d'où l'on conclut D′^{h} ; puis les plans projetants de
D et D′ se coupent suivant une droite K qui leur est parallèle, et comme elle passe
par le point o, elle est tout entière dans le plan (D′,o), menant donc K^h parallèle ·
à D^h, et K^p parallèle à LT, la trace b de cette droite K est le point de concours
demandé ; puis joignant a et b par une droite, on a D^p. Si maintenant on unit
a^h et x^h par une droite B^h, et qu'on la prolonge jusqu'à LT en α, que par ce point α
on élève une perpendiculaire à LT jusqu'à sa rencontre avec D^p, on aura x^p.

Remarquons que si l'on joint o^p et x^p par une droite B^p, les deux droites B^h et B^p
seront les projections orthogonales l'une sur le *géométral* et l'autre sur le *tableau*
de la droite B, qui projette coniquement le point x.

2° Si l'on donne x^p, pour avoir x^h nous remarquerons que par ce point x passe
une horizontale D du plan R ; D^p doit passer par le point de concours des projections polaires des horizontales du plan, nous le construirons comme précédemment ; puis unissant $x^p b$, nous aurons la projection conique D^p de l'horizontale D ;
D^p rencontre P^n au point a, trace de la droite D sur le tableau ; projetant ce point a
sur la base du tableau en a^h, et menant par a^h une parallèle à H^n, on aura D^h ;
le point cherché x^h se trouve sur cette droite D^h et aussi sur la projection horizontale B^h de la droite B qui est menée du point o au point x ; mais cette droite B perce
le plan du tableau au point x^p, qui se projette en α sur LT ; joignant $\alpha o h$, on aura
une droite coupant D^h précisément au point x^h.

187. Problème 20. *Connaissant les projections orthogonales d'un point et celles du
pôle, trouver la projection conique du premier point sur un plan donné* (*fig.* 165). Soient
o le pôle, m le point donné, et supposons le plan du tableau perpendiculaire à la
ligne de terre et rabattu sur le plan horizontal. La projection du pôle sur le tableau
doit toujours être orthogonale, nous la trouverons par un simple changement de
plan vertical (n° 44) en o^p, puis la question proposée revient à mener la droite om,
et à chercher sa trace sur le plan du tableau, cette trace a pour projection hori-
zontale le point α^h dont la hauteur verticale est égale à $i\alpha^v$; élevant donc par α^h une
perpendiculaire à L'T', et prenant $\alpha^h m_p = i\alpha^v$, on aura le point cherché m^p.

Si les points o et m étaient donnés par leurs projections horizontales et leurs *cotes*,
on chercherait sur la droite om la *cote* du point qui se projette en α^h (n° 162),
et l'on prendrait $\alpha^h m^p$ égale à cette *cote*.

188. Problème 21. *Connaissant les projections horizontale et conique d'un point
et celles du pôle, trouver la projection verticale du premier point.* Le tableau est un
plan vertical sur lequel la droite om est projetée orthogonalement (n° 186, 1°) ; or

on connaît les projections horizontales o^h et α^h de deux points de cette droite, et leurs hauteurs $\omega'o^p$ et $v^h m^p$, donc abaissant de o^h et de α^h des perpendiculaires sur LT, et prenant $\omega o^v = \omega'o^p$, $i\alpha^v = v^h m^p$, et joignant $o^v \alpha^v$, il n'y aura plus qu'à abaisser de m^h une perpendiculaire sur LT, et elle ira couper Bv au point cherché m^v.

189. Problème 22. *Trouver la perspective d'un polyèdre quelconque.* Soit demandée la perspective du polyèdre (*fig.* 166) composé d'un parallélipipède rectangle vertical surmonté d'une pyramide quadrangulaire. Supposons le tableau perpendiculaire a LT, et rabattons-le sur le plan vertical en le faisant tourner autour de sa trace verticale V^p; ce qui revient à prendre le plan vertical de projection pour le *géométral*. Pour obtenir ensuite la perspective demandée, nous chercherons la projection du point de vue sur le tableau en abaissant du point o sur le plan P une perpendiculaire qui viendra le couper au point o'; puis lorsque le plan P tourne autour de V^p, ce point o' reste évidemment à la même distance zo'^v du plan horizontal et à la même distance aussi zo'^h de l'axe V^p; nous prendrons donc sur $o^v o'^h$ une longueur $o'v o^p = zo'^h$, et nous aurons le point o^p demandé; on voit que cela revient à décrire du centre z et du rayon zo'^h un arc de cercle qui vient couper LT au point α et à élever par ce point une perpendiculaire à LT jusqu'à la rencontre de $o^v o'^v$; tous les autres points s'obtiennent de la même manière. Pour le point o, on pouvait aussi effectuer un simple changement de plan horizontal en considérant V^p comme la nouvelle ligne de terre.

La droite oa rencontre le tableau en un point a' que nous ramènerons comme le point o sur la perspective, en menant par a'^v une parallèle à LT, et prenant $aa = za'h$, on obtiendra de même tous les autres points b_p, c_p,... de la perspective. Ayant obtenu les perspectives a^p et b^p des points a et b, la droite $a^p b^p$ sera la perspective de la droite ab et ainsi des autres. Nous avons ainsi en $a^p b^p c^p d^p$ la perspective de la base inférieure du parallélipipède en $a^p b^p f^p e^p$, $b^p c^p g^p f^p$, $c^p d^p i^p g^p$, $a^p d^p i^p e^p$ les perspectives de ses quatre faces latérales verticales, et en $e^p f^p g^p i^p$ la perspective de sa base supérieure; puis on a en $j^p k^p l^p m^p$ la perspective de la base de la pyramide et en $s^p j^p k^p$, $s^p k^p l^p$, $s^p l^p m^p$, $s^p m^p j^p$ les perspectives de ses quatre faces.

Il est évident que l'observateur placé en o ne peut voir que la face $abfe$ du parallélipipède, toutes les arêtes qui n'appartiennent pas à cette face lui sont cachées, c'est pourquoi nous les avons *ponctuées* sur la figure. Quant à la pyramide, il est évident que l'arête sj est entièrement vue et l'arête sl entièrement cachée, mais les arêtes sk et sm sont vues au-dessus de leurs points d'intersection par le plan (efo), points dont nous n'avons représenté que les projections verticales n^v et q^v et dont les perspectives sont évidemment aux intersections n^p et q^p des droites $s^p m^p$ et $s^p l^p$ avec $e^p f^p$.

Remarquons encore que les droites ab, cd, ef, gi étant horizontales et

parallèles au tableau, leurs perspectives $a^p b^p$, $c^p d^p$, $e^p f^p$, $g^p i^p$ doivent être parallèles
à LT (n° 185); les droites ad, bc, ei, fg étant perpendiculaires au tableau, leurs
perspectives $a^p d^p$, $b^p c^p$, $e^p i^p$, $f^p g^p$ doivent concourir au point o^p; par la même raison
les points j^p, l^p, o^p doivent être en ligne droite; il est évident que les côtés jk, kl,
lm, mj de la base de la pyramide sont inclinés à 45° sur le tableau et que les côtés
opposés sont parallèles; si donc on prend $p^p r^p = o^h o'^h$ (de sorte que r^p sera un *point
de distance*) les perspectives $j^p m^p$ et $k^p l^p$ des côtés jm et kl iront concourir au point
r^p; les perspectives $j^p k^p$ et $l^p m^p$ des deux autres côtés iraient concourir en un autre
point r'^p situé de l'autre côté de o^p et à une distance égale à $o^p r^p$.

Enfin, nous terminerons par cette dernière remarque : par chaque point que l'on
veut mettre en perspective, on peut concevoir deux horizontales, l'une perpendiculaire au tableau, et l'autre inclinée à 45°; on les prolonge jusqu'à leurs intersections
avec le tableau, et il est évident que ces points appartiennent respectivement aux
perspectives de ces horizontales; donc, en unissant le premier de ces points avec o^p,
et l'autre avec le poin de distance correspondant, ces deux droites se croiseront à
la perspective du point donné. Cette manière de trouver la perspective d'un point
est en général très-prompte.

190. Ordinairement pour rendre la figure plus intelligible, on ne construit pas
la perspective au lieu où nous l'avons placée, mais avant de rabattre le tableau, on
le suppose transporté à une certaine distance, ou bien on prend sur le tableau deux
axes perpendiculaires entre eux, et l'on peut prendre ces deux traces sur une autre
feuille de dessin que celle où l'on a tracé le *géométral*, et l'on rapporte les distances
de chaque point de la perspective à ces axes. C'est ce que nous allons montrer clai-
rement dans le problème suivant.

PROBLÈME 23. *Trouver la perspective d'un polyèdre et de son ombre portée sur le
plan horizontal* (fig. 167). Connaissant les projections du polyèdre et celles du
rayon de lumière; nous trouverons d'abord l'ombre portée (n° 181) et la ligne de
séparation d'ombre et de lumière; par suite, nous connaîtrons les faces éclairées et
les faces qui ne reçoivent aucun rayon de lumière. Ces choses étant obtenues,
soit le plan P du tableau perpendiculaire à LT, en menant par le point de vue o,
des rayons visuels aux divers sommets du polyèdre proposé, ces rayons rencontreront le tableau P en des points dont nous fixerons la position en les rapportant à
deux axes rectangulaires situés dans ce plan, et pour plus de simplicité, nous choisirons les traces mêmes du plan pour axes, nommant X l'axe horizontal H^r, et Y
l'axe vertical V^r; et nous construirons à part la figure située sur le tableau P, ou la
perspective du polyèdre. Menons par o^h deux horizontales D^h et D'^{h} inclinées à 45° sur
H^r; elles iront couper cette trace en deux points r^h et r'^h, projections horizontales
des deux *points de distance*; ayant donc construit les axes X et Y, nous prendrons

$z^p\omega^p = zo'^h$, nous élèverons au point ω^p une perpendiculaire sur X, et nous prendrons $\omega^p o^p = \omega' o^v$ et nous aurons le point de vue ; puis menant par o^p une parallèle à X, et prenant $o^p r^p = o^p r'^p = o^h o'^h$, nous aurons les deux points de distance.

Cela posé, considérons d'abord la face $abcd$ par laquelle le polyèdre repose sur le plan horizontal ; pour avoir la perspective du point a, concevons par ce point deux droites horizontales, l'une perpendiculaire au tableau et l'autre inclinée à 45° sur le tableau ; la perspective de la première passera par le point o^p, celle de la seconde par le point r'^p ; de plus, la première perce le tableau en un point distant du point z d'une quantité aa^v, et la seconde en un point distant de z de la quantité $z\alpha$, et comme ces deux droites sont dans le plan horizontal, si nous prenons sur Y les longueurs $z^p a'^p = aa^v$, $z^p a^p = z\alpha$, et si nous menons les droites $a'^p o^p$, $\alpha^p r'^p$, elles se croisent au point a^p qui sera la perspective du point a. La droite ob perce le tableau en un point b' distant de l'axe Y de la quantité zb'^h, et de l'axe X de la quantité zb'^v ; prenant donc $z^p b'^p = zb'^h$ et élevant sur l'axe X la perpendiculaire $b'^p b^p = zb'^p$, le point b^p sera la perspective du point b. Pour avoir le point c^p, nous prendrons $z^p\gamma'^p = cc^v$, et nous joindrons $\gamma'^p o^p$; et l'on aura la perspective d'une perpendiculaire abaissée du point c sur le tableau ; puis la droite oc perce le tableau en un point c' élevé verticalement de la quantité zc'^v ; prenant donc $z^p c' = zc'^v$ et menant par c'^p une parallèle à X, elle va couper la droite $\gamma'^p o^p$ au point c^p demandé. Quant au point d^p, la droite cd étant horizontale et parallèle au tableau, il se trouvera à l'intersection de la même horizontale et de la droite $\delta'^p o^p$, perspective d'une perpendiculaire au tableau et menée par le point d.

Passant à la face $cdefg$, nous avons obtenu les perspectives des trois sommets e, f, g, par des constructions identiques à celles employées pour trouver la perspective du point b.

Pour le sommet i de la face $bcgi$, nous avons mené deux horizontales $i\lambda$ $i\lambda'$ inclinées à 45° sur le tableau : leurs perspectives passent respectivement par les points de distance r^p et r'^p et se croisent au point i^p cherché ; pour obtenir la perspective de $i\lambda$, il faut prendre sur Y, à partir de z^p, une longueur égale à ξi^v, mener par le point ainsi obtenu une parallèle à X, prendre sur cette parallèle et en arrière une longueur égale à $z\lambda^h$, puis joindre ce dernier point avec r^p ; mais si l'on conçoit que toute la construction descende verticalement d'une quantité égale à ξi^v, nous aurons à prendre $z^p\lambda^p = z\lambda^h$, $z^p\rho^p = \xi i^v$, à joindre $\lambda^v \rho^p$, et il ne nous restera plus qu'à mener par r^p une parallèle à $\rho^p\lambda^p$; on construira de même la perspective de $i\zeta'$, et ces deux perspectives se croiseront au point i^p.

Les perspectives des trois sommets de la face ade étant connues, et toutes les autres faces concourant au point s, il ne nous reste plus qu'à trouver la perspective de ce sommet s polyèdre ; pour cela, remarquons que la droite os coupe le tableau en un point s', dont la hauteur verticale est égale à zs'^v, prenant $z^ps'^p = zs'^v$ et menant par s'^p une parallèle à X, cette parallèle contient s^p, puis concevant par s une perpendiculaire au tableau, elle le percevra en un point dont les distances aux axes X et Y sont σs^v et σs^h; prenant donc $z^p\sigma'^p = \sigma s^v$, menant par σ'^p une parallèle à X, et prenant $\sigma'^p\sigma^p = \sigma s^h$ et joignant $\sigma_p o^p$, cette droite contient aussi le point s^p, qui se trouve ainsi déterminé.

Ayant obtenu les perspectives de tous les sommets du polyèdre, il n'y a plus qu'à les unir par des droites pour avoir la perspective demandée. Pour avoir maintenant la perspective de l'ombre portée ($as^o f^o g^o cda$), nous obtiendrons celle du point s^o en prenant d'abord la perspective $\xi^p o^p$ d'une perpendiculaire au tableau abaissée de ce point comme nous l'avons déjà fait plusieurs fois, puis remarquant que la droite os^o coupe le tableau en un point ξ' distant de Y d'une quantité $z\xi'^h$, il faudra chercher sur $\xi^p o^p$ le point situé à cette distance de Y, ce que l'on obtiendra évidemment en prenant $z^p\xi'^p = z\xi'^h$, et menant par ξ'^p une parallèle à Y, elle ira couper $\xi^p o^p$ au point cherché, que nous aurions dû noter s^{op}, d'après les conventions précédentes, et que, pour plus de simplicité, nous notons seulement $s\pi$. Nous obtenons de même le point $f\pi$, en remarquant que la droite $s\pi f\pi$ doit être parallèle à X; enfin, nous avons obtenu le point g_π de la même manière.

Nous avons varié dans cette épure les moyens employés pour obtenir les perspectives de tous les sommets du polyèdre, afin d'enseigner toutes les méthodes connues, laissant au dessinateur le choix de la méthode qu'il jugera préférable dans chaque cas particulier.

191. Il nous reste à faire quelques observations sur la *ponctuation de la figure*. Remarquons d'abord que la projection d'un corps sur un plan est la *perspective* de ce corps pour un observateur dont l'œil serait placé à l'infini sur une droite perpendiculaire à ce plan de projection; ou sous un autre point de *vue géométrique*, chaque projection sera l'*ombre portée* pour une direction de rayons lumineux perpendiculaire au plan de projection; les faces du polyèdre concourant au point s seraient seules vues: donc, sur la projection horizontale, les droites qui forment le contour de ces faces, devront être pleines; les autres lignes sont ponctuées, et la ligne brisée *abigfca* serait pour cet observateur le contour apparent du polyèdre.

Pour un observateur dont l'œil serait placé à une distance infinie sur une perpendiculaire au plan vertical, on trouvera facilement que le contour apparent est la ligne brisée *absfeda*, de sorte que ce contour et les lignes *sa*, *se*, *ae*, doivent être tracées en lignes pleines.

Cette ponctuation des deux projections est sans préjudice des parties cachées par les plans de projection, ce qui pourrait obliger d'écrire en *ligne ponctuée* quelques portions de celles que nous venons d'indiquer comme devant être pleines. Les principes précédents, appliqués à tous les corps que nous considérerons dans la suite de ce cours, complètent ce qui concerne la ponctuation des projections des figures de l'espace que l'on veut représenter, et dont la partie la plus simple a été exposée précédemment (n° 16).

Relativement aux *ombres*, le polyèdre porte *ombre* sur la partie $adcg^{o}f^{'}s^{o}a$ du plan horizontal, de sorte que si le corps était enlevé et que l'ombre restât, elle aurait la forme représentée (*fig.* 168), mais pour l'observateur regardant la projection horizontale, le corps cache une partie de cette ombre, et elle lui paraît avoir la forme $ac^{h}f^{h}kg^{o}f^{o}s^{o}a$; c'est pourquoi nous n'avons *haché* que cette partie du plan par les *hachures* affectées à l'*ombre portée*. Quant aux faces *ombrées*, il est facile de reconnaître que la ligne brisée $abcgfsa$ est la ligne de séparation d'ombre et de lumière ; donc, les faces *abcd, cdefg, efs, ade, aes*, sont dans l'ombre. Mais l'observateur, qui regarde la projection horizontale, ne voit que les faces *sef, sae* ; c'est pourquoi nous n'avons *ombré* que ces deux faces sur la projection horizontale, et nous avons eu soin de diriger les *hachures* dans des sens différents. L'observateur qui regarde la projection verticale ne voit que les faces *sef, ade, sae* ; ce sont donc les seules faces que nous ayons dû *ombrer* en projection verticale.

Enfin, sur la perspective, il est évident que pour l'observateur placé en *o* le contour apparent du polyèdre est *abiseda* ; il ne voit donc que les faces *sab, sbi, sae, ade*, les deux premières éclairées, les deux autres ombrées. Les droites, qui forment le contour des quatre faces, sont seules tracées en *lignes pleines*. Enfin, il faut *hacher* toute la partie de la perspective de l'ombre portée, qui est située en dehors de la *perspective* du polyèdre.

191 (*bis*). Les Anglais ont imaginé un genre particulier de projection auquel ils ont donné le nom de projection **isométrique**. Dans les ouvrages publiés en Angleterre sur la technologie, on fait un usage presque constant de ce genre de projection lorsqu'il s'agit de représenter des machines. D'après les Anglais, ce genre de dessin, ou plutôt ce mode de projection a été adopté par les Allemands. La projection isométrique est une projection orthogonale sur un certain plan. Elle déforme les objets d'une manière désagréable pour le lecteur qui a un dessin de ce genre sous les yeux, et l'avantage que ce système de projection présente peut facilement être obtenu dans la perspective oblique dite militaire, et les dessins en perspective mi-

litaire sont, personne ne peut affirmer le contraire, très—lisibles et bien autrement agréables à l'œil que les dessins isométriques (*).

Projection isométrique (**).

I. Concevons trois axes rectangulaires entre eux X, Y, Z, se coupant en un point o (*fig.* 168 *a*).

Étant donné un point m dans l'espace, on aura ses trois coordonnées $x=a$, $y=b$, $z=c$, et le point m sera complétement déterminé de position dans l'espace, en supposant que cette position est rapportée aux trois axes fixes X, Y, Z.

Cela posé :

Menons par le point o un plan P de position arbitraire par rapport aux trois axes X, Y, Z. Nous pourrons tracer dans le plan P et par le point o deux droites X′, Y′ quelconques, faisant entre elles un angle quelconque, et dès lors nous pourrons regarder ces droites X′, Y′ comme étant les projections obliques sur le plan P, des axes X, Y. Dès lors faisant passer par les droites X et X′ un plan X, et par les droites Y et Y′ un plan Y_1, ces deux plans X_1 et Y_1 se couperont suivant une droite D passant par le point o. Nous pourrons donc dire que les axes X et Y sont projetés sur le plan P en les droites X′ et Y′ par des plans parallèles à la droite D.

Dès lors la projection Z′ du troisième axe Z sur le plan P n'est plus arbitraire, il faut la construire, et elle sera donnée par un plan Z_1 passant par l'axe Z et la droite D.

Nous aurons donc sur le plan P, et passant par le point o, trois axes X′, Y′, Z′, dont deux sont arbitraires, mais dont le troisième a une position déterminée en vertu de l'angle que les deux axes, arbitrairement choisis, font entre eux.

Cela posé :

(*) Prenons aux Anglais ce qui est bon, mais point d'engouement, et rejetons ce qui chez eux est mauvais ou médiocre. En Angleterre on n'étudie pas la géométrie descriptive comme science ; on ne l'enseigne que dans un petit nombre d'écoles et encore n'y enseigne-t-on que les éléments ; c'est une science ignorée de la plupart des ingénieurs et mal connue de ceux qui s'en servent, car, pour eux, elle n'est pas encore autre chose que l'art des projections.   Th. O.

(**). Le système de projection, connu sous le nom de *Perspective isométrique*, a été proposé par M. William Farish, nommé, en 1813, professeur à l'Université de Cambridge (mort en 1837). Le professeur Farish a publié son Mémoire sur la perspective isométrique dans le volume 1er des transactions de la Société philosophique de Cambridge (*Transactions of the Cambridge philosophical society.*)

On trouve dans l'*Aide mémoire général des ingénieurs* (3 vol. in-8°) un résumé du Mémoire de M. Farish, et des développements que l'auteur n'a pas donnés et qui tendent à faciliter les tracés de ce mode de projection.

(Cette note m'a été communiquée par M. Tom Richard.)   Th. o.

Si l'on porte respectivement et à partir de l'origine *o* sur les trois axes X, Y, Z les distances

$$x = a = on, \quad y = b = \overline{op}, \quad z = c = \overline{oq},$$

les trois points *n*, *p*, *q* seront respectivement projetés obliquement et parallèlement à la droite D, en les points *n'*, *p'*, *q'* sur les axes X', Y', Z', tracés sur le plan P.

On aura donc

$$on = \alpha . \overline{on'}, \quad \overline{op} = \beta . \overline{op'}, \quad \overline{oq} = \gamma . \overline{oq'}.$$

Dès lors les coordonnées rectangulaires du point *m* rapportées aux axes rectangulaires X, Y, Z étant *x*, *y*, *z*, et les coordonnées de la projection *m'* du point *m* sur le plan P étant *x'*, *y'*, *z'*, on aura :

$$x = \alpha x', \quad y = \mathfrak{G} y', \quad z = \gamma z'.$$

α, $\mathfrak{G}$, γ étant des coefficients constants et dépendants de l'inclinaison du plan P par rapport aux axes X, Y, Z, et de l'angle que deux des trois droites X', Y', Z' font avec ces mêmes axes.

On conçoit donc qu'étant donné sur le plan P, un point *m'*, on aura ses trois coordonnées *x'*, *y'*, *z'* (toutes trois situées sur le plan P), et dont on pourra conclure les trois coordonnées *x*, *y*, *z* du point *m* de l'espace en le supposant rapporté à trois axes rectangulaires entre eux et *vice versa*.

II. Dans les constructions graphiques on sera obligé de se servir d'une échelle, et l'on voit que pour passer des coordonnées planes *x'*, *y'*, *z'* aux coordonnées rectangulaires et dans l'espace *x*, *y*, *z*, il faudrait trois échelles ; l'une réduisant les coordonnées *x*..... au moyen du rapport α, l'autre réduisant les coordonnées *y*..... au moyen du rapport $\mathfrak{G}$, la troisième enfin réduisant les coordonnées *z*..... au moyen du rapport γ.

Il serait donc avantageux de choisir X', Y' sur le plan P, et par suite de conclure Z' de manière à ce que l'on eût $\alpha = \mathfrak{G} = \gamma$.

C'est ce que l'on obtient en supposant que le plan P est perpendiculaire à la diagonale d'un cube construit sur les trois axes X, Y, Z comme arêtes se coupant au sommet *o* de ce cube, et dès lors la droite D est la diagonale de ce cube, et le plan P est perpendiculaire à cette diagonale D.

Par cette hypothèse les trois axes X', Y', Z' tracés sur le plan P font entre eux des angles égaux, et l'on a $\widehat{X'Y'} = \widehat{X'Z'} = \widehat{Y'Z'} = 120°$.

Par cette hypothèse, on peut prendre sur les axes X', Y', Z' les coordonnées *x'*, *y'*, *z'* de la projection *m'* du point *m* égales aux coordonnées réelles *x*, *y*, *z* de ce point m de l'espace. En sorte qu'ayant sur le plan P une suite de points m', a', b',.... on aura tout de suite, par de très-simples opérations graphiques, la longueur des coordonnées rectangulaires x, y, z des divers points m, a, b,.... de l'espace, par hypothèse les points m', a', b'.... sont supposés être les projections non plus obliques mais orthogonales sur le plan P (*).

Et c'est parce que par ce choix des axes X', Y', Z' et de la direction du plan P, on a : $\alpha = \mathcal{b} = \gamma$, que l'on a donné à ce genre de projection le nom de *projection isométrique*.

III. Mais dans la projection oblique, dite *perspective militaire* ou *cavalière*, on peut obtenir des résultats analogues, et en effet : dans ce genre de projection, étant donné (*fig.* 168 *b.*) les trois axes rectangulaires entre eux X, Y, Z auxquels on rapporte la position des divers points m.... d'un *relief*, on prend le plan (Z, X) pour le plan P de projection et l'on trace dans ce plan les trois axes X, Y', Z, tels que X et Z sont deux des axes rectangulaires primitifs et le troisième Y' qui passe par l'origine o divise en deux parties égales l'angle $\widehat{Z, X}$. (**)

Il s'ensuit, évidemment, que les faces d'un cube construit sur les trois axes X, Y, Z comme arêtes et ayant l'un de ses sommets à l'origine o, se projettent sur le plan P ou (Z, X) de telle manière que les carrés-faces situés dans des plans parallèles au plan P ou (Z, X) se projettent sur ce plan suivant des carrés et que les carrés ou faces parallèles au plan (Z, Y) ou au plan (X, Y) se projettent sur le plan P suivant des losanges de mêmes dimensions, et étant par conséquent superposables.

Tandis que dans la *projection isométrique*, les faces d'un tel cube se projetteraient toutes suivant des *losanges* identiques.

IV. La droite D, dans le système de projection *militaire*, est telle :

Que si l'on prend (*fig.* 168 *b.*) sur l'axe Y un point p, tel que l'on ait $\overline{op} = y$ et si l'on prend sur l'axe Y' [situé sur le plan P ou (Z, X)] un point p' tel que l'on ait $op' = y = y'$, en unissant les points p et p' par une droite D', la droite D (qui passe par l'origine o) sera parallèle à D'. Il est évident que la droite D' est inclinée sous l'angle de 45° par rapport au plan (Z, X), on a donc sur ce plan (Z, X) une projection oblique ; ainsi la *projection militaire* est une projection oblique, et la *projection isométrique* est une projection orthogonale.

Imaginons un cube ayant l'un de ses sommets au point o origine des axes rectangulaires X, Y, Z et ayant ses arêtes respectivement parallèles à ces trois axes.

Traçons sur les faces de ce cube des cercles inscrits aux carrés qui déterminent

---

(*) Nous verrons plus loin que les points m', a', b',.... ne sont pas réellement les projections orthogonales des points m, a, b,.... de l'espace.
(**) On entend aujourd'hui par perspective cavalière toute projection oblique sur le plan de front Z X ; il y a en effet un grand avantage à ne pas imposer au troisième axe Y' une direction invariable ; on choisit dans chaque cas cette droite Y' de manière à mettre en évidence dans l'objet représenté les parties sur lesquelles on veut particulièrement attirer l'attention.   E. R.

ses faces. On aura six cercles de même rayon et situés deux à deux dans des plans parallèles aux plans (Z, X), (Z, Y) et (X, Y).

En prenant la *projection isométrique,* ces six cercles se projettent sur le plan P, suivant six ellipses identiques tracées chacune sur son système de diamètres conjugués égaux ; ces diamètres conjugués seront égaux en longueur et au diamètre du cercle, et comprendront entre eux un angle de 60° ou 120°.

En prenant, au contraire, la *projection militaire,* deux des six cercles se projetteront sur le plan P ou (Z, X) suivant des cercles égaux et de même rayon et les quatre autres cercles, savoir : les deux parallèles au plan (Z,Y) et les deux parallèles au plan (X,Y) suivant des ellipses identiques et construites chacune sur son système de diamètres conjugués égaux ; ces diamètres conjugués seront égaux en longueur et au diamètre du cercle, et comprendront entre eux un angle de 45° ou 135°.

V. Jusqu'à présent nous ne voyons pas que la *projection isométrique* l'emporte sur la *projection militaire.*

La direction des axes de *l'ellipse isométrique* comme ceux de *l'ellipse militaire,* se construisent facilement, puisque pour l'une et l'autre, cette direction est donnée par les diagonales du losange circonscrit à l'ellipse et dont les côtés sont respectivement *parallèles,* et deux à deux, aux diamètres conjugués égaux de cette ellipse.

Les avantages dont pourrait jouir l'ellipse isométrique par rapport à l'ellipse militaire, ne peuvent donc dépendre que de ceci, savoir : que pour la première ellipse, les diamètres conjugués égaux se coupent sous un angle de 60°, tandis que pour la seconde ellipse, les diamètres conjugués égaux se coupent sous un angle de 45° (*).

Mais examinons la question sous un point de vue plus général.

VI. Il est évident qu'ayant un *solide* à trois dimensions, et dont les divers points sont rapportés à trois axes X, Y, Z rectangulaires entre eux ou non, on veut, au moyen d'un seul dessin ou d'une seule projection sur un plan, pouvoir reconstruire ce *solide.*

On veut donc n'employer, pour ce mode de projection, qu'un seul dessin au lieu de deux, et non comme on le fait dans le système ordinaire où l'on a une projection horizontale (ou *plan*), et une projection verticale (ou *élévation*).

Pour arriver à n'avoir qu'un seul dessin (ou une seule projection), on suppose que

(*) Mais la projection militaire permet de construire très-facilement les sommets de l'ellipse, car (*fig.* 168 *d.*) on voit que les sommets de l'ellipse projection sur le plan (Z, X) du cercle tracé sur la face du cube qui est parallèle au plan (Z, Y) sont donnés par les quatre points en lesquels les diagonales de la face carrée située sur le plan (Z, X) coupent le cercle inscrit a ce carré, et cela au moyen de parallèles à la diagonale du losange projection sur le plan (Z, X) de la face carrée du cube située sur le plan (Y, X).

les trois axes rectangulaires ou non X, Y, Z (qui forment un système *solide*), sont projetés sur un plan P en des axes X', Y', Z' qui forment dès lors un système *plan*.

Nota. Cette idée a de l'analogie avec celle qui fait recoucher le plan vertical de projection sur le plan horizontal de projection, pour arriver à transformer le problème *solide* en un problème *plan*.

VII. Concevons, d'après ce qui précède, un *dessin* B' tracé sur un plan P, et chaque point de ce dessin B' étant rapporté à trois axes X', Y', Z' tracées sur ce plan P et se coupant en un point *o*.

Nous pourrons par le point *o* mener une droite D, qui, située hors du plan P, lui sera oblique ou orthogonale, et nous pourrons mener par le point *o* une droite arbitraire Y dans le plan (D, Y), une droite arbitraire X dans le plan (D, X), et enfin une droite arbitraire Z dans le plan (D, Z).

Au moyen de la projection B' nous pourrons construire dans l'espace les divers points d'un *solide* B, chacun de ces points étant rapporté aux trois axes X, Y, Z (qui forment un système *solide*).

Or, l'on peut faire varier la position des axes X, Y, Z d'une infinité de manières en conservant la même droite projetante D.

Or, l'on peut faire varier d'une infinité de manières la direction de la droite pro-jetante D, par rapport au plan P.

On voit donc que la figure B' peut être considérée comme étant la projection cylindrique sur le plan P d'une infinité de systèmes B..... *solides*.

Ainsi : une figure B' tracée sur un plan P peut être la projection cylindrique d'une infinité de systèmes *solides* B..... situés dans l'espace.

Ainsi : un système *solide* B, situé dans l'espace, peut avoir une infinité de projections planes B'..... en changeant, soit la direction du plan P, soit la direction de la droite D, ou l'une et l'autre en même temps.

Nous retrouvons encore ici le principe énoncé précédemment : *Il faut savoir remonter du plan dans l'espace et descendre de l'espace sur le plan.*

VIII. Si nous reprenons les trois axes rectangulaires entre eux X, Y, Z se cou-pant en un point *o*, et si nous reprenons le plan P passant par le point *o*, les trois axes X', Y', Z' tracés sur ce plan, et la droite D qui projette *obliquement* un *relief* sur le plan P, nous devons nous rappeler qu'un point *m* du *relief* ayant pour coor-données rectangulaires $x = a$, $y = b$, $z = c$, a sur le plan P pour projection oblique un point *m'* ayant pour coordonnées $x' = \alpha x$, $y' = 6y$, $z' = \gamma z$, en sorte qu'en défini-tive les coordonnées du point *m'* rapportées aux trois axes X', Y', Z' (tracées sur le plan P), sont : $x' = \alpha a$, $y' = 6b$ et $z' = \gamma c$.

Si donc sur le plan P on trace un dessin B' tel que pour chacun de ses points *m'*, on porte sur les axes X', Y', Z', non les valeurs ci-dessus trouvées pour

x', y' et z', mais les valeurs des coordonnées x, y, z du point m (lequel point appartient au *relief* B), la figure B′ ne sera pas la projection oblique sur le plan P du relief B, mais celle d'un autre relief B$_1$ dont l'un des points m_1 aurait pour coordonnées rectangulaires

$$x = \frac{a}{\alpha}, \; y = \frac{b}{6}, \; z = \frac{c}{\gamma}.$$

De sorte que si le relief B est une surface ayant pour équation $f(x, y, z) = o$, le relief B$_1$ sera une surface ayant pour équation

$$f\!\left(\frac{x}{\alpha}, \frac{y}{6}, \frac{z}{\gamma}\right) = 0$$

Ainsi, si par exemple le relief B est une sphère ayant son centre en o, et ayant dès lors pour équation

$$\frac{x^2}{R^2} + \frac{y^2}{R^2} + \frac{z^2}{R^2} = 1$$

le relief B$_1$ sera un ellipsoïde à trois axes inégaux, et ayant pour équation

$$\frac{x^2}{\alpha^2 R^2} + \frac{y^2}{6^2 R^2} + \frac{z^2}{\gamma^2 R^2} = 1.$$

En sorte que le dessin B′ ne sera pas la projection oblique sur le plan P de la sphère B, mais la projection oblique de l'ellipsoïde B$_1$.

Toutefois le dessin B′ permettra de construire le *relief* ou *sphère* B, parce que l'on trouvera en les coordonnées x', y', z' d'un point m' du dessin B′, la longueur des coordonnées rectangulaires x, y, z d'un point m de la sphère B.

On est donc conduit à ne considérer la figure B′ que comme un dessin servant à construire un certain relief, et non plus comme étant la projection de ce relief.

IX. On voit apparaître dans ce qui précède le principe très-fécond, en géométrie descriptive, de la transformation d'un *relief* en un autre relief, d'une *figure* en une autre figure, d'une *surface* en une autre surface. Nous devons cependant faire remarquer que lorsque l'on emploie la projection isométrique, dans laquelle on a : $\alpha = 6 = \gamma$, la figure B′ n'est plus la projection du relief B, mais d'un relief B$_1$ semblable au relief B, et ayant l'origine o pour pôle de similitude, de sorte que si le relief B est une sphère, le relief B$_1$ serait aussi une sphère. C'est une des propriétés de la projection isométrique de ne pas altérer dans sa nature la forme géométrique du relief B que l'on veut construire au moyen de la figure ou dessin B′.

X. Maintenant, en vertu de tout ce qui précède, l'on pourra comprendre les raisons qui nous font préférer la projection militaire à la projection isométrique ; en effet :

L'auteur anglais qui a imaginé la projection isométrique, y a été conduit pour arriver à représenter une machine au moyen d'un seul dessin, et par suite de pouvoir, au moyen de ce seul dessin (c'est-à-dire au moyen d'une seule projection), construire une machine.

Sous ce point de vue, il a raison ; mais comme ce genre de projection déforme les objets, il est difficile de se faire (en regardant le dessin d'une machine exécuté d'après le mode de projection isométrique) une idée exacte des formes de l'objet représenté par le dessin ; car toutes les faces d'un cube sont projetées sur le plan P isométrique, suivant des losanges (*fig. 168 c.*) ; rien donc dans cette figure ne rappelle à l'œil que les faces sont des carrés.

Tandis que dans la projection militaire (*fig. 168 d.*) l'on voit de suite à l'œil que deux des faces du cube, celle située sur le plan de projection (Z, X), et celle qui est parallèle à ce plan, sont des carrés, ce qui amène tout naturellement l'observateur à penser que le dessin représente la projection d'un cube. D'ailleurs une machine repose toujours sur un sol horizontal ; ses diverses pièces principales sont, le plus ordinairement, les unes horizontales et les autres verticales.

Il existe toujours, pour une machine donnée en position, un plan vertical qui est parallèle à un grand nombre de pièces horizontales et verticales, et c'est ce plan que l'on peut prendre dans la projection militaire pour plan (Z, X) de projection.

La plupart des roues dentées qui existent dans une machine ont ordinairement leur plan soit horizontal, soit vertical, et pour les unes et les autres, perpendiculaire au plan (Z, X). Il nous semble donc que la *projection militaire* doit être préférée à la *projection isométrique* pour le dessin des machines, lorsque l'on veut n'employer qu'un seul dessin ou projection pour les représenter d'une manière complète, et ainsi de manière à ce qu'au moyen de ce seul dessin on puisse construire la machine.

CHAPITRE VI.

DE LA TRANSFORMATION CYLINDRIQUE ET CONIQUE.

Transformation d'une droite en une autre droite, et d'un plan en un autre plan.

192. Si l'on a une droite D dans l'espace et un plan H, si par la droite D on fait passer un plan P coupant le plan H suivant une droite D_1, on peut dire que la droite D_1 est la transformée sur le plan H de la droite D de l'espace.

Le plan P que nous faisons passer par la droite D peut être considéré : 1° comme engendré par une droite G se mouvant parallèlement à elle-même et à une droite K située dans ce plan P, et alors l'on regarde le plan P comme engendré *cylindriquement ;* 2° comme engendré par une droite J passant par un point *s* situé sur ce plan P et se mouvant sur une droite L située aussi dans ce plan P, et alors l'on regarde le plan P comme engendré *coniquement.* Dans le premier cas la droite D_1 est la projection *cylindrique* ou oblique de la droite D ; dans le deuxième cas la droite D_1 est la projection *conique* ou centrale de la droite D ;

Dans le premier cas : si l'on mène une droite G parallèle à K et coupant les droites D et D_1 respectivement aux points *d* et d_1, ces deux points *d* et d_1 seront deux points *homologues* et nous dirons que le point d_1 est le *transformé* du point *d* dans le mode de *transformation cylindrique,* et les droites G... sont dites droites *de transformation cylindrique.*

Dans le deuxième cas : si l'on mène par le point *s* une droite J coupant les droites D et D_1 respectivement aux points *b* et b_1, ces deux points *b* et b_1 seront deux points *homologues* et nous dirons que le point b_1 est le *transformé* du point *b* dans le mode de *transformation conique ;* et les droites J..... divergentes du point *s* sont dites *droites de transformation conique.*

Il est évident que dans le mode de transformation cylindrique, le point milieu d'une droite D se transforme en le point milieu de la transformée D_1, et que cela n'a pas lieu généralement dans le mode de transformation conique, *en d'autres termes,* que cela ne peut avoir lieu, lorsque l'on emploie le mode de transformation conique, que dans quelques cas très-particuliers.

Si l'on a un plan P dans l'espace et deux droites A et B situées sur ce plan P et que par A et B on fasse passer des plans A′ et B′ parallèles à une même droite J arbitrairement située dans l'espace, et que l'on coupe le système par un plan Q, on pourra dire que le plan Q est *transformé* du plan P, car les deux droites A, et B, suivant lesquelles seront coupés par le plan Q les plans A′ et B′, seront les *transformées cylindriques* des droites A et B, les droites de transformation étant parallèles à J.

Si l'on a un plan P dans l'espace et deux droites A et B situées sur ce plan, et si par ces droites A et B on fait passer des plans A′ et B′ assujettis à passer l'un et l'autre par un même point s de l'espace, et si l'on coupe le système par un plan quelconque Q, on pourra dire que le plan Q est le *transformé* du plan P, car les deux droites A, et B, suivant lesquelles seront coupés par le plan Q les plans A′ et B′ seront les *transformées coniques* des droites A et B, les droites de transformation divergeant du point s.

Dans le premier cas : on dira que le plan Q est le *transformé cylindrique* du plan P.

Dans le deuxième cas : on dira que le plan Q est le *transformé conique* du plan P; cela posé :

Traçons dans un plan P deux droites D et Y se coupant un point ω.

Par les divers points m, m', m'',... de D menons des parallèles à une droite J située dans le plan P et coupant la droite Y en les points p, p', p'',... puis par les points p, p', p'',... menons des parallèles à une seconde droite J, et prenons sur ces parallèles des points m_i, m'_i, m''_i,... tels que l'on aie :

$$mp : m'p' : m''p'' : \text{etc.}, : : m_ip : m'_ip' : m''_ip'' : \text{etc.}$$

les points m_i, m'_i, m''_i.... seront sur une droite D, passant par le point o.

On pourra dire que la droite D, est la *transformée cylindrique* de la droite D; mais elle ne sera plus sa *transformée* d'une manière directe, car pour passer de la droite D à la droite D, on s'est appuyé sur la droite Y; c'est pourquoi on doit donner à la droite Y le nom *d'axe de transformation cylindrique.*

Ce que nous venons de faire dans un plan, nous pouvons l'effectuer dans l'espace et de la manière suivante.

Par une droite Y menons deux plans P et P,; coupons les deux plans P et P, suivant les droites J et J, par un plan quelconque Q; cela fait, traçons dans le plan P une droite D coupant la droite Y au point o, puis menons par les divers points m, m', m'',... de D des parallèles à J, lesquelles couperont Y aux points p, p', p'',... enfin menons par les points p, p', p'',... des parallèles à J, et prenons sur ces parallèles des points m_i, m_i', m_i'', etc., tels que l'on aie :

$$mp : m'p' : m''p'' : \text{etc.}, : : m_ip : m'_ip' : m''_ip'' : \text{etc.}$$

les divers points m_i, m'_i, m''_i, seront sur une droite D, située dans le plan P, et passant par le point o.

Il est évident que si l'on prend sur la droite D deux points x et y, le point q milieu de $\overline{xy}$ aura pour *transformé* sur D, le point q_i qui sera le milieu de la droit $\overline{x_iy_i}$, les points x_i et y_i étant les *transformés* sur la droite D, des points x et y de la droite D.

Cela posé :

Remarquons que les droites mm_i, $m'm'_i$, $m''m''_i$,... seront toutes parallèles entre elles et situées; dans le plan X passant par les droites D et D, et de plus on aura :

$$mm_i : m'm'_i : m''m''_i : \text{etc.} : : mp : m'p' : m''p'' : \text{etc.} : : m_ip : m'_ip' : m''_ip'' : \text{etc.}$$

On aura aussi :

$$mm_i : m'm'_i : m''m''_i : \text{etc.} : : mo : m'o : m''o : \text{etc.} : : m_io : m'_io : m''_io : \text{etc.}$$

on peut donc regarder les deux droites D et D, (en tant que situées dans le plan X) comme étant l'une D, la *transformée cylindrique directe* de l'autre droite D.

Si l'on a deux plans P et P, se coupant suivant une droite Y et si l'on trace dans le plan P deux droites D et D', on pourra déterminer, en s'appuyant sur la droite Y comme axe de transformation, deux droites D, et D', qui situées sur le plan P, seront les *transformations* des droites D et D'. On peut donc dire que le plan P, est le transformé du plan P au moyen de l'axe Y de transformation.

D'après ce qui précède on voit : 1° que si l'on a un prisme Σ coupé par deux plans P et P, se coupant entre eux suivant une droite Y, on peut dire que la section (P, Σ) a pour *transformée cylindrique* la section (P,, Σ), l'axe de transformation étant la droite Y.

2° Que si l'on a une pyramide Σ coupée par deux plans P et P, se coupant entre eux suivant une droite Y, on peut dire que la section (P, Σ) a pour *transformée conique* la section (P,, Σ), *l'axe de transformation* étant la droite Y et le *centre* de la transformation étant le sommet s de la pyramide donnée Σ.

Appliquons ce qui vient d'être dit à quelques exemples.

Transformation dans l'espace d'un polygone plan en un autre polygone plan.

192 *bis.* Si 1° nous traçons sur un plan H une droite D, et si nous prenons sur le plan H deux points a et b arbitraires, la droite qui les unit coupant la droite D en un point p (*fig.* 169).

Si 2° nous dirigeons dans l'espace une droite R venant percer le plan H au point x.

Si 3° nous prenons sur la droite R deux points arbitraires s et s'.

Si 4° nous joignons les points $\begin{cases} s & \text{et } a \\ s & \text{et } b \\ s' & \text{et } a \\ s' & \text{et } b \end{cases}$ par quatre droites.

Si 5° nous prenons sur la droite R un point arbitraire z.

Si 6° nous joignons les points x et a, x et b par deux droites venant couper la droite D, la première au point α et la seconde au point β.

Si 7° nous joignons les points z et α, z et β par deux droites, savoir :

z α coupant sa en a'

z β coupant sb en b'

Si 8° nous menons les droites $\begin{cases} xa' \text{ coupant } s'a \text{ en } a''. \\ xb' \text{ coupant } s'b \text{ en } b''. \end{cases}$

Je dis que les trois points a', b', p, sont en ligne droite, ainsi que les trois points a'', b'', p.

Je dis aussi que les droites αa'', βb'', étant prolongées se coupent en un point y situé sur la droite R.

En effet, la droite abp peut être considérée comme la trace, sur le plan H, d'un plan X coupant la droite R au point s. La droite abp peut encore être considérée comme la trace, sur le plan H, d'un plan X, coupant la droite R au point s'.

Les droites αx, βx, peuvent être considérées comme les traces, sur le plan H, de deux plans A et B passant par la droite R.

La droite D peut être considérée comme la trace, sur le plan H, d'un plan P coupant la droite R au point z.

Ainsi, la droite $a'b'p$ est l'intersection des deux plans P et X.

Par les trois points a', b', x, on peut faire passer un plan Z ; ce plan Z coupera le plan A suivant la droite $xa'b'$ et le plan B suivant la droite $xb'b''$, et le plan X' suivant la droite $a''b''$.

9

Or : les droites $a'b'$, $a''b''$ étant dans le plan Z, et $a'b'$ coupant la droite D au point p, la trace sur le plan H du plan Z sera xp ; donc la droite $a''b''$ passe par le point p.

Les trois droites $\alpha a''$, $\beta b''$, $a''b''p$, déterminent un plan Q ayant la droite D pour trace sur le plan H, et ce plan Q coupera la droite R en un point y tel que les droites $\alpha a''$, $\beta b''$ devront passer par ce point y, puisque les droites $\alpha a''$ et $\beta b''$ sont les intersections de ce plan Q avec les plans A et B, lesquels passent par la droite R.

On peut supposer que la droite R ne perce pas le plan H, mais lui soit parallèle (*fig.* 169, e).

Alors le point x est situé à l'infini.

Alors les droites R, αa, βb, $a'a''$, $b'b''$, sont parallèles entre elles.

Le reste des constructions subsiste sans autre modification.

Nous pouvons étendre ce qui précède à trois points a, b, c, pris arbitrairement sur le plan H (*fig.* 169, a).

Ainsi, la droite R perçant le plan H en un point x, on pourra considérer le triangle abc comme la base commune à deux pyramides ayant, l'une son sommet en s et l'autre en s'.

Le plan P, dont la trace sur le plan H est la droite D, coupera la pyramide (s, abc) suivant le triangle $a'b'c'$, et la droite R au point x.

Si l'on considère le point x comme le sommet d'une pyramide ayant le triangle $a'b'c'$ pour base, cette pyramide (x, $a'b'c'$) coupera la pyramide (s, abc), suivant le triangle $a''b''c''$, dont le plan Q passera par la droite D.

Ainsi l'on peut dire :

Ayant, pour deux points a et b, déterminé les points x et y, la pyramide (s', abc) sera coupée par le plan P ou (x, D), suivant le triangle $a'b'c'$.

La pyramide (s', abc) sera coupée par le plan Q ou (y, D), suivant le triangle $a''b''c''$.

Les deux triangles $a'b'c'$, $a''b''c''$, seront sur une pyramide dont le sommet sera en x.

Cela aura lieu pour un polygone d'un nombre n de côtés, que les côtés soient finis ou infiniment petits.

Ainsi l'on peut dire :

Étant donnés sur un plan H, un polygone C et une droite D ;

Étant dirigée dans l'espace, une droite R coupant le plan H en un point x ;

Faisant passer par la droite D un plan P coupant la pyramide (s, C), suivant un polygone C'.

La pyramide (x, C') coupera la pyramide (s', C), suivant un polygone C'' qui sera plan, et dont le plan passera par la droite D.

Si la droite R est parallèle au plan H, le point x sera situé à l'infini, et dès lors, les triangles $a'b'c'$, $a''b''c''$, seront sur un prisme dont les arêtes $a'a''$, $b'b''$, $c'c''$, seront parallèles à la droite R (*fig.* 169, b).

Cela aura lieu pour un polygone d'un nombre arbitraire de côtés finis ou infiniment petits.

Dès lors on peut dire :

Si l'on a une droite R parallèle au plan H, un polygone D et une droite D tracés sur ce plan H ;

Si l'on prend deux points arbitraires s et s', sur la droite R ; si l'on fait passer par la droite D un plan arbitraire P, ce plan coupera la pyramide (s, C), suivant un polygone C'.

Si l'on regarde C' comme la base d'un prisme Σ ayant ses génératrices parallèles à la droite R, ce prisme Σ coupera la pyramide (s', C), suivant un polygone C'' qui sera plan et dont le plan passera par la droite D.

De ce qui précède, on peut déduire certaines propriétés de *transversales* ; ainsi :

Si l'on suppose un plan V perpendiculaire au plan H et à la droite D, ce plan V coupera la droite D en un point d, le plan H suivant une droite K (*fig.* 169, c).

Les sommets du polygone tracé sur le plan H se projetteront sur la droite K en les points a, b

c....... La droite R se projettera suivant R, les sommets des deux pyramides se projetant en *s* et *s'*, et le point *x* en lequel R perce le plan H, se projettera sur K en *x*.

Le plan P sera coupé par le plan V suivant la droite *d*P.

Les sommets *a'*, *b'*, *c'* du polygone se projetteront en les points *a'*, *b'*, *c'*, situés sur la droite P et sur les droites *sa*, *sb*, *sc*.....

Il est alors évident que :

1° Si l'on mène les droites *xa' xb', xc'*....., elles couperont les droites *s'a*, *s'b*, *s'c*....., en des points *a"*, *b"*, *c"*, qui seront en ligne droite, et la droite Q qui les contient passera par le point *d*.

2° Si la droite R était parallèle à la droite K (*fig.* 166, *d*), les droites *a'a"*, *b'b"*, *c'c"*....., seraient parallèles entre elles et à la droite R, et les points *a'*, *b'*, *c'*, étant sur une ligne droite *d*P, les points *a"*, *b"*, *c"*....., seront aussi sur une ligne droite *d*Q.

Nous pouvons considérer toutes les lignes droites tracées dans les figures (169 ; 169, *a* ; 169, *b*), comme étant les projections sur le plan H de toutes les figures considérées dans l'espace : on serait, par ce qui précède, facilement conduit aux propriétés si remarquables et appartenant à trois polygones ou à trois courbes (*) situées sur un plan H, dont chacun des sommets ou des points sont liés entre eux et aux droites R et D, ainsi que le sont (*fig.* 169, *a* et 169, *b*) les trois points *a*, *a'*, *a"*.

On pourrait supposer que la droite D fût située à l'infini, alors les plans P et Q deviendraient parallèles entre eux et au plan H.

La figure (169,*f*) fait voir en effet : (la droite R perçant le plan H en *x*) que le plan P ou (*a'b'x*), et que le plan Q ou (*a"b"y*) seront parallèles au plan H ou (*abx*).

La figure (169, *g*) fait voir en effet : (la droite R étant parallèle au plan H) que les plans P et Q sont parallèles au plan H, et de plus se confondent en un seul et unique plan.

3° Dès lors (*fig.* 169, *h*), si sur les droites *sa*, *sb*, *sc*, on prend les points *a',b',c'*, situés sur une droite P parallèle à la droite K ; si l'on mène *xa', xb', xc'*, les points *a"*, *b"*, *c"*, intersections respectives de ces droites concourant au point *x* avec celles *s'a*, *s'b*, *s'c*, concourant au point *s'*, seront sur une droite Q parallèle à K.

4° Et (*fig.* 169, *k*) les droites R et K étant parallèles, on doit avoir les points *a',b',c'*, et *a",b",c"*, situés sur une seule droite P ou Q parallèle à K.

(*) En considérant une courbe comme étant un polygone d'un nombre infini de côtés, chaque côté étant infiniment petit.

FIN DE LA PREMIERE PARTIE.

NOTES

NOTE I

SUR LA PLUS COURTE DISTANCE DE DEUX DROITES

Cinq solutions de ce problème ont été exposées au n° 137 ; c'est à la seconde solution qu'Olivier accordait la préférence au point de vue graphique (voir le 21ᵉ cahier du *Journal de l'École Polytechnique* et les *Compléments de Géométrie descriptive* page 351). Nous engageons le lecteur à faire l'épure ; il reconnaîtra ainsi par lui-même que le tracé est fort simple, surtout s'il a le soin d'éviter les lignes inutiles ; telles sont par exemple les projections verticales des droites A′ et B′ ; en somme, il suffit de projeter les droites primitives A et B sur un plan perpendiculaire à A et de rabattre ce plan sur le plan horizontal.

Olivier a indiqué en outre, dans le mémoire déjà cité, une autre méthode qu'il jugeait aussi bonne que la précédente sous le rapport graphique. Voici en quoi consiste ce tracé :

Si les deux droites étaient horizontales, on obtiendrait immédiatement leur plus courte distance en grandeur et en position. Or, rien de plus aisé que de ramener le cas général à ce cas simple ; il suffit de mener par A un plan parallèle à B et de rabattre le plan P sur le plan horizontal en entraînant la droite B. Pour faciliter les opérations relatives à cette rotation, on emploiera un plan vertical de projection perpendiculaire à la trace horizontale du plan P.

Dans cette épure comme dans la précédente, les points sont en général déterminés par la rencontre des droites se coupant sous des angles de grandeur convenable, ce qui est l'une des conditions essentielles d'un bon tracé.   E. R.

NOTE II

SUR LA SPHÈRE TANGENTE A QUATRE PLANS

La détermination d'une sphère assujettie à passer par des points ou à toucher des droites ou des plans donne lieu à quinze problèmes qu'Olivier a résolus successivement dans le chapitre vi des *Développements de Géométrie descriptive ;* nous n'examinerons ici que le cas où la sphère doit toucher quatre plans donnés, formant par leurs interjections mutuelles un tétraèdre ABCD.

Les quatre plans décomposent l'espace en onze régions de trois espèces différentes. Ce sont :

1° L'espace compris dans l'intérieur du tétraèdre ABCD ;

2° Quatre espaces indéfinis formés chacun par l'une des faces du tétraèdre et par les prolongements des trois autres faces : ces régions sont des troncs de pyramide triangulaire dont la base inférieure se serait transportée à l'infini ;

3° Six angles prismatiques, analogues à des *combles à quatre pans* formés par les prolongements des faces et dont chacun aurait pour ligne de faite une arête du tétraèdre.

D'après cela, il semble au premier abord que l'on puisse placer dans chacune de ces régions une sphère tangente aux quatre plans, ce qui porterait à onze le nombre des solutions du problème. Mais un raisonnement bien simple montre que *le nombre des sphères inconnues ne peut surpasser huit.*

En effet considérons l'une des faces du tétraèdre, la face BCD par exemple. Désignons par β et β′ les plans bissecteurs des deux angles dièdres supplémentaires dont l'arête est CD, par γ et γ′ les plans bissecteurs relatifs à BD, et par δ et δ′ les plans bissecteurs relatifs à l'arête BC ; β,γ,δ sont les plans bissecteurs intérieurs et β′,γ′,δ′ les plans bissecteurs extérieurs. Le centre de toute sphère tangente aux quatre plans donnés doit être à l'intersection de trois des six plans bissecteurs β,γ,δ,β′,γ′,δ′, à condition toutefois d'exclure toute combinaison où figureraient deux fois la même lettre. Il ne reste plus alors que les huit combinaisons suivantes :

(1)	$\beta\gamma\delta$	(2)	$\beta\gamma\delta'$	(5)	$\beta\gamma'\delta'$	(8)	$\beta'\gamma'\delta'$
		(3)	$\beta\gamma'\delta$	(6)	$\beta'\gamma\delta'$		
		(4)	$\beta'\gamma\delta$	(7)	$\beta'\gamma'\delta$		

Il n'y a donc que huit centres au plus.

On voit sans difficulté que les cinq centres (1), (2), (3), (4), (8), existent toujours. Le premier est à l'intérieur du tétraèdre; il répond à la *sphère inscrite* (n° 150). Les quatre autres sont situés dans les quatre régions de seconde espèce ; ils répondent à quatre sphères dites *exinscrites*, c'est-à-dire telles que chacune d'elles touche une face du tétraèdre et les prolongements de trois autres faces.

Quant aux trois centres (5), (6), (7), ils peuvent, suivant la forme du tétraèdre, être rejetés en tout ou en partie à l'infini. Pour se rendre compte de ce fait et s'expliquer en outre pourquoi il n'y a que trois sphères tandis qu'il existe six régions en forme de combles, considérons l'un de ces combles, par exemple celui qui a pour faîte l'arête CD et en même temps le comble qui a pour faîte l'arête AB opposée à CD. Toute sphère tangente et située dans l'un ou l'autre de ces deux combles doit avoir son centre sur les plans bissecteurs intérieurs relatifs à CD et à AB c'est-à-dire sur l'intersection F de ces deux plans, laquelle coupe d'ailleurs AB entre A et B et CD entre C et D. Ce centre doit aussi appartenir au plan bissecteur extérieur δ'. Or la droite F et le plan δ' ne peuvent se couper qu'en un point z situé sur l'un des prolongements de la droite F, soit dans l'un des deux combles considérés, soit dans l'autre ; ainsi à chaque couple de combles ne répond qu'un centre z, et encore pour que ce centre soit à distance finie, faut-il que le plan δ' et la droite F ne soient pas parallèles. On voit donc, en définitive, que le nombre total des solutions est au moins égal à 5 et qu'il peut s'élever à 6, 7 ou 8 suivant le nombre des centres z qui passent à l'infini.

On peut trouver les conditions que doivent remplir les aires des faces du tétraèdre pour que le nombre des solutions soit égal à 5, 6, 7 ou 8. Mais comme Olivier n'a pas donné ces relations, nous nous bornerons à les citer en renvoyant pour la démonstration au *Traité de Géométrie élémentaire* par MM. Rouché et de Comberousse (2ᵉ édition, page 248 de la deuxième partie) :

Les huit solutions se réduisent à sept, si la somme de deux faces du tétraèdre est égale à la somme des deux autres ; il n'y a que six solutions, si les faces du tétraèdre sont équivalentes deux à deux ; enfin le nombre des sphères tangentes se réduit à cinq lorsque toutes les faces du tétraèdre sont équivalentes entre elles. E. R.

NOTE III

SUR LES OMBRES DES POLYÈDRES

Olivier avait composé pour son cours une feuille d'exercices relatifs aux ombres des polyèdres. Nous avons cru devoir restituer en quelque sorte à l'auteur sa propriété, en faisant graver les deux planches 43 *bis* et 43 *ter* qui sont la reproduction fidèle de l'épure faite en 1847 sous la direction d'Olivier par M. Fernique son répétiteur. Cette épure, qui est conservée dans les collections de l'École centrale des Arts et Manufactures, a été plusieurs fois depuis 1847 exécutée en tout ou en partie par les élèves de cette École. Olivier tenait beaucoup à ces exercices qu'il avait choisis et combinés avec un grand soin, et dans lesquels il a cherché à réunir des exemples des circonstances principales qui se rencontrent dans la pratique.

Nous n'avons ajouté ni retranché aucune ligne; les constructions sont donc celles qu'Olivier avait indiquées lui-même, et le lecteur qui aura étudié les notions données aux n°ˢ 177 et suivants de ce traité se rendra compte sans peine de tous les détails. C'est là d'ailleurs ce que voulait Olivier ; dans son Cours il n'expliquait que les principes et les procédés généraux et laissait aux élèves le soin de traiter seuls les exercices dont il donnait le sujet ; souvent, lorsque le sujet était un peu complexe, il faisait afficher, à côté des données, l'épure toute faite : l'élève n'avait plus alors qu'à chercher l'explication toujours facile des tracés qu'il avait sous les yeux. C'est dans ces dernières conditions que le lecteur se trouvera placé ici.

Voici donc les sujets des huit problèmes, et quelques indications sommaires, analogues, j'imagine, à celles que le maître donnait verbalement dans sa leçon.

La figure (a) représente les *ombres de deux pièces de charpente superposées*. La pièce inférieure est un prisme vertical, à base carrée, planté dans le sol ; la pièce supérieure est un prisme perpendiculaire au plan vertical qui figure ici un mur dans lequel la pièce est encastrée ; cette pièce a même section droite que le poteau vertical sur lequel elle s'appuie et qu'elle dépasse ensuite un peu en avant. La pièce supérieure porte ombre sur le mur et sur la face antérieure du poteau vertical ; c'est par ces ombres qu'il convient de commencer. Quant à la pièce inférieure, elle porte ombre d'abord sur le plan horizontal ; puis cette ombre se redresse sur le mur et vient se perdre dans l'ombre de la pièce supérieure.

La figure (b) représente les *ombres d'une barrière sur une encoignure* à arête saillante formée par deux murs verticaux et obliques par rapport au plan vertical de projection. La barrière est composée de deux poteaux verticaux portant une pièce horizontale ; ces trois pièces sont des prismes ayant pour sections droites des carrés égaux. Il convient de commencer par les ombres de la pièce horizontale ; cette pièce porte ombre à la fois sur les deux murs de l'encoignure ; en menant par l'arête verticale de cette encoignure un plan parallèle aux rayons de lumière, on détermine dans la pièce horizontale une section rectangulaire et les rayons lumineux qui rasent cette section limitent la partie de l'arête verticale qui est dans l'ombre ; en outre toute la partie de la pièce qui est à gauche de cette section porte ombre sur le mur de gauche, tandis que l'autre partie porte ombre sur le mur de droite. Quant aux poteaux verticaux, celui de droite porte ombre d'abord sur le plan horizontal, puis sur le mur de droite ; l'autre porte ombre sur le plan horizontal et sur le mur de gauche. Enfin signalons deux petites portions d'ombres portées par la pièce horizontale, sur les faces latérales de gauche des deux poteaux. On les détermine, soit directement, soit en relevant par des parallèles aux rayons lumineux les points de croisement des ombres portées sur les murs de l'encoignure.

La figure (c) représente les *ombres d'une pyramide sur le sol, sur un mur* pris ici pour plan vertical de projection, et *sur deux marches d'escalier* adossées au mur. La pyramide est régulière et à base carrée. On trouve sans peine les ombres demandées en menant par le sommet de la pyramide une parallèle aux rayons lumineux et cherchant les points où cette droite rencontre successivement les plans horizontaux du sol et des marches ainsi que les plans verticaux du mur et des contre-marches.

La figure (d) représente l'*ombre portée par une cheminée sur un toit*. Le plan du toit est parallèle à la ligne de terre ; il est donné par sa trace horizontale et sa trace verticale. La cheminée est un simple prisme droit à base rectangulaire, il faut déterminer préalablement les lignes de naissance de cette cheminée, c'est-à-dire l'intersection du prisme avec le plan du toit. Quant à l'ombre portée, on l'obtient en menant des parallèles aux rayons lumineux par les sommets de la face supérieure du prisme et cherchant les rencontres de ces droites avec le plan du toit. Enfin on voit à gauche l'ombre portée sur le toit par l'arête d'un mur vertical.

La figure (e) représente les *ombres portées par un écrou sur une encoignure* à arête rentrante formée par deux murs verticaux et obliques au plan vertical de projection ; cet écrou est un prisme droit à base hexagonale. On détermine, à l'aide d'un plan mené par l'arête de l'encoignure parallèlement aux rayons de lumière, la partie de l'arête qui est dans l'ombre ainsi que les portions de l'écrou qui portent ombre sur l'un et sur l'autre mur de l'encoignure.

La figure (*f*) représente les *ombres d'une échelle* sur le sol et sur le mur sur lesquels elle est appuyée. Cette échelle est composée simplement de deux montants prismatiques et d'un barreau prismatique transversal; les sections droites des trois prismes sont des carrés égaux. On a fait une projection auxiliaire de l'échelle sur un plan L′T′ perpendiculaire au mur et qu'on a rabattu sur ce mur. On commencera par tracer les ombres des deux montants sur le sol d'où l'on déduira sans peine les ombres des deux mêmes montants sur le mur. Quant à l'ombre du barreau transversal, on l'obtiendra, à l'aide de la projection latérale, en menant par les sommets du carré qui forme la projection auxiliaire du barreau, des parallèles à la projection latérale des rayons lumineux. Il y a en outre une petite portion d'ombre portée par le montant de gauche sur la face supérieure du barreau transversal.

La figure (*g*) représente *l'ombre d'un prisme sur une pyramide*. Le prisme est droit, à base carrée, et repose sur le sol; la pyramide est régulière, à base hexagonale, et repose aussi sur le sol. L'ombre cherchée se compose de trois parties · 1° l'ombre portée par la pyramide sur les deux plans de projection; 2° l'ombre portée par le prisme sur les deux plans de projection; 3° l'ombre portée par le prisme sur la pyramide. Cette dernière ombre, la seule qui exige une explication, n'est autre que la section de la pyramide par le plan qu'engendre le rayon lumineux en glissant sur celui des côtés de la base supérieure du prisme qui est situé à droite et est perpendiculaire au plan vertical.

Enfin la figure (*h*) représente *l'ombre d'une pyramide sur un prisme*. La pyramide hexagonale et régulière repose sur le sol; il en est de même du prisme qui est droit et à base carrée. L'ombre cherchée se compose de trois parties : 1° l'ombre du prisme sur les deux plans de projection; 2° l'ombre de la pyramide sur le sol; 3° l'ombre portée par la pyramide sur le prisme. Cette dernière ombre n'est autre que l'intersection de la face antérieure de gauche du prisme par les plans qu'engendre le rayon lumineux en glissant sur les deux arêtes latérales qui séparent sur la pyramide la partie éclairée de la partie obscure.   E. R.

TABLE DES MATIÈRES.

PREMIÈRE PARTIE.

DU POINT, DE LA DROITE ET DU PLAN

CHAPITRE PREMIER.

NOTIONS PRÉLIMINAIRES.

Représentation d'un point.

Représentation de la ligne droite.

CHAPITRE II.

PROBLÈMES FONDAMENTAUX DE LA GÉOMÉTRIE DESCRIPTÍVE.

CHAPITRE III.

PROBLÈMES SUR LE POINT, LA DROITE ET LE PLAN.

Droites et plans perpendiculaires entre eux.

Intersection des droites et des plans.

CHAPITRE IV.

DES ANGLES TRIÈDRES ET DES PYRAMIDES.

CHAPITRE V.

DES DIFFÉRENTS SYSTÈMES DE PROJECTIONS.

Des plans cotés et nivelés.

Des projections obliques et des ombres portées.

Des projections coniques et de la perspective.

De la projection isométrique.

CHAPITRE VI.

·DE LA TRANSFORMATION CYLINDRIQUE ET CONIQUE.

NOTES

FIN DE LA TABLE DE LA PREMIÈRE PARTIE.

ABBEVILLE. — IMP. BRIEZ, C. PAILLART ET RETAUX.